Narender Kumar
Sushil Kumar Singh

Compatibilidade e sensibilidade de Trichoderma viride contra pesticidas

Narender Kumar
Sushil Kumar Singh

Compatibilidade e sensibilidade de Trichoderma viride contra pesticidas

ScienciaScripts

Imprint

Any brand names and product names mentioned in this book are subject to trademark, brand or patent protection and are trademarks or registered trademarks of their respective holders. The use of brand names, product names, common names, trade names, product descriptions etc. even without a particular marking in this work is in no way to be construed to mean that such names may be regarded as unrestricted in respect of trademark and brand protection legislation and could thus be used by anyone.

Cover image: www.ingimage.com

This book is a translation from the original published under ISBN 978-620-2-00922-5.

Publisher:
Sciencia Scripts
is a trademark of
Dodo Books Indian Ocean Ltd. and OmniScriptum S.R.L publishing group

120 High Road, East Finchley, London, N2 9ED, United Kingdom
Str. Armeneasca 28/1, office 1, Chisinau MD-2012, Republic of Moldova, Europe
Printed at: see last page
ISBN: 978-620-7-78446-2

ÍNDICE DE CONTEÚDOS

Dedicado aos meus Veneráveis Pais

Narender .....

Reconhecimento

Para alguns, o reconhecimento pode ser apenas um pensamento insignificante escrito numa folha de papel. Mas, na sua verdadeira essência, dá-nos a oportunidade de recordar e expressar os nossos sentimentos por aqueles que amamos e veneramos. Aqui tenho a oportunidade de expressar o meu agradecimento às pessoas que me tocaram de uma forma ou de outra com os seus pequenos pensamentos. As palavras não são suficientes para exprimir os meus sentimentos por elas, mas estas linhas não são um exagero, são sentimentos que vêm diretamente do coração.

Estou muito grato e sinto-me orgulhoso pelo privilégio de aproveitar a oportunidade para exprimir o meu profundo e sincero sentimento de gratidão ao Dr. S-K. Singh, Professor Assistente do Departamento de Patologia Vegetal e Presidente do meu Comité Consultivo, pelos seus conselhos académicos, orientação inspiradora, tratamento paternal incessante, encorajamento, inspiração, sugestões valiosas e críticas construtivas durante o curso da investigação, mas também pela sua orientação benevolente na minha carreira.

Os meus mais sinceros agradecimentos ao Dr. Dharmendra 'Kumar, Professor Assistente, Departamento de Fitopatologia e Membro Principal do Comité Consultivo, por me ter acolhido no seu grupo de investigação, por me ter inspirado e ajudado a interpretar os dados e a escrever o manuscrito.

Estou igualmente grato ao meu Comité Consultivo Dr. Rajesh 'Kumar, Professor Assistente, Departamento de Ç.PB, Dr. D.(. Si nigh, Professor Assistente, Departamento de Entomologia, Dr. Ramesh Chand, Professor Assistente, Departamento de Nematologia pelas suas valiosas sugestões, inspiração e ajuda prestada durante o curso da investigação e preparação deste manuscrito.

Estou imensamente grato ao Dr. S-P Pathaj, Mon'ble 'Head, Department- of Plant Pathology, por fornecer facilidades laboratoriais e sugestões necessárias e valiosas.

Os meus agradecimentos cordiais ao Sr. J.P. Srivastava, ao Dr. Sanjeev 'Kumar e ao Dr. Dharmendra 'Kumar, Professor Assistente, ao Dr. L. P Awasthi, Professor, e ao Dr. R. P Gupta, Professor, do Departamento de Patologia Vegetal, pelo seu apoio moral, conselhos valiosos e ajuda durante o período de estudo.

Dirijo a minha cordial gratidão, as minhas obrigações e os meus sinceros cumprimentos ao 'Hon'ble Vice-Chancellor Dr. MS. .Au lakh, e ao Dr. T.PS- Katiyar, Dean, College of Agriculture. Estou igualmente grato ao Sr. J.P. Srivastava pelo seu apoio moral, conselhos valiosos e ajuda durante o meu período de estudo.

Expresso a minha sincera gratidão e os meus sinceros agradecimentos aos professores do departamento, Dr. R.-B. Singh, Dr. H.'K, Singh, Sr. J.P. Srivastava, Dr. KiranSingh, Dr S-P Singh, Dr S-K. Pande, Dr. Sanjeev 'Kumar e membros do pessoal Shri Ram Singh, Sunil Singh, U.P Singh, Siddhman. Singh, 'Kd". Yadav, Brij Bhushan. Singh, Sun.dMaurya, Smt. Çayatri Devi, e Lalta Prasad pelo seu afeto.

Não tenho palavras para exprimir a minha renúncia, a minha sincera gratidão ao meu pai, Shri Satya Pal Singh, pelos seus desejos e bênçãos, à minha mãe S mt. Sohan Biri Singh, pela devoção, sacrifício, amor e afeto que fazem de mim o que sou e me levam a este nível para fazer boas e grandes acções. Expresso a minha bênção e agradecimento ao meu irmão mais velho, Shri Chandra Bose, à minha irmã mais velha, Mamtesh, ao meu irmão mais velho, Shiri. Ajab Singh e à minha adorável e simpática sobrinha Khushi Singh e ao meu sobrinho KartikSingh.

Estou também imensamente grato aos meus superiores, Mohan Lad, 'Kamal Dev Singh, feeri.sh Ba g he l, Dee lip 'Kumar, Sandeep Vishwakarma, Dyanand Shu If a, Vivek, Kashiyap, Prashant Singh, Uday Bhan Singh, Rahul Pandey, Aditya Narayan, Chandan Singh, SushidKumar, fhanshyam, Vandana Shidfa, Bhagyashree, Kavita; Super-séniores, Santosh Kumar, Asof Verma, Umesh Tripathi, Ajay Kumar, Samir Pratap Singh, Mahesh Singh, Virendra 'Kumar, Abhishek.Cha.uhan, Shiwangi. Singh, Neelam Mouriya, Pintoo Sharma (bolseiro de doutoramento ematologia), Ram Prasad, Adesh Kumar (bolseiro de doutoramento em ciências dos vegetais), fovind Vishwakarma (bolseiro de doutoramento em horticultura), Arun Singh (bolseiro de doutoramento em entomologia), Raja Husain (bolseiro de doutoramento em biotecnologia) pela sua ajuda e sugestões frutuosas, cujo amor e afeto, inspiração e bons desejos sempre me acompanharam.

Não posso perder esta oportunidade" de expressar o meu agradecimento especial pela cooperação e ajuda prestada pelos meus colegas de grupo Vijay "Kumar, Ramveer Singh, Devesh, Ramkftelawan, Netra Pal, Puspendra Pal, "Utkarsh, Ashish, Lalta e Manoj.

Gostaria de registar os meus agradecimentos especiais aos meus adoráveis colegas Indraman, Vivek, Arun, Vijay Datt, Amit, Sukfivindra, Yashwant, Santosh, Sudhakar, Abhishek, Ram 'Kishor, Md. Said, Sonu, Aditya, furudeep, Charitra, Mohit e Sachin.

Não me atrevo a esquecer de expressar os meus mais sinceros e carinhosos agradecimentos ao Dr. J.P. Bhaghel, Late Shri Madan LalDhangar, Shri Madhusudan. Rao Holkar (Historiadores e trabalhadores sociais); Dr. Rajbeer Singh (Professor Assistente, Departamento de Patologia Vegetal), Dr. Hari.kesh Singh Yadav (Professor Assistente, Departamento de 'Lmtomologia); Dr. J.P. Singh (Professor Assistente, Departamento de Horticultura), Dr. S.P. Vishwakarma (Professor Assistente, Departamento de Agronomia, fochar Mahavidhalya, Rampur Mani.haran, Saharanpur, U.P.) , Dr. Chandra Shekhar (Diretor, ÇMV, Rampur Maniharan, Saharanpur, U.P.) e os meus amigos Amar Singh, Jogendra Pratap Singh e Ramdyal pelo seu amor, afeto, apoio, cuidado e en.c.ouragemen.t.

Kumarganj, Faizabad
julho, 2014

(Narender Kumar)

Resumo

As espécies de *Trichoderma* são fungos cosmopolitas do solo, notáveis pelo seu rápido crescimento, capacidade de utilização de diversos substratos, resistência a produtos químicos nocivos e boa adaptação a diversos ambientes. Para minimizar os problemas relacionados com os pesticidas, *Trichoderma* é a melhor arma biológica para a gestão das doenças das plantas. Tem sido excecionalmente bom na gestão de várias doenças das plantas. O sucesso dos agentes de biocontrolo depende da sua compatibilidade com outros sistemas de gestão de doenças. No entanto, a compatibilidade de *Trichoderma* com pesticidas precisa de ser confirmada antes da sua utilização num sistema de gestão integrada. Foram realizados estudos sobre o isolamento e a caraterização de *Trichoderma, a* eficácia de *Trichoderma viride contra Rhizoctonia solani* e a tolerância e sensibilidade de *T. viride* contra pesticidas comuns. *O Trichoderma* foi isolado em meio Agar de dextrose de batata (PDA) e identificado como *T. viride* com base em caracteres culturais e morfológicos. Entre os meios sólidos, o crescimento micelial máximo de *T. viride* foi registado no meio Potato Dextrose Agar. Nos meios líquidos, o peso micelial mais elevado foi registado em caldo de Batata-Dextrose. No estudo de cultura dupla, 68,67% do crescimento radial de *R. solani* foi inibido por *T. viride* às 72 horas de incubação. O estudo de toxicidade e compatibilidade *in vitro* de fungicidas comummente utilizados, como hexaconazol, propiconazol, crossman e carbendazim, não foi compatível com o *T. viride* na dose recomendada ou mesmo em doses mais baixas. Por outro lado, o mancozebe foi considerado moderadamente compatível com *T. viride* na dose recomendada (2000 ppm). Entre os insecticidas, o acetamipride, o thimethoxam e o acefato foram considerados altamente compatíveis com *T. viride.* Por outro lado, o fipronil foi moderadamente compatível com *T. viride* na dose recomendada. *A* população máxima (5,33 cfu g^{-1} solo) de *T. viride* foi registada no controlo não tratado, seguida de monocrotofos (5,33 cfu g^{-1} solo), fipronil (5,33 cfu g^{-1} solo), mancozebe (5,0 cfu g^{-1} solo), acetamipride (5.0 cfu g^{-1} solo), acefato (5.0 cfu g^{-1} solo), crossman (4.66 cfu g^{-1} solo), hexaconazole (4.33 cfu g^{-1} solo) e carbendazim (3.33 cfu g^{-1} solo) em vasos tratados com pesticidas nas doses recomendadas após 30 dias de inoculação. Todos estes pesticidas foram considerados altamente compatíveis com *T. viride.* Por outro lado, o carbendazim foi moderadamente compatível com o *T. viride* aos 30 e 60 dias após a inoculação. Todos os pesticidas testados acima foram considerados altamente compatíveis com o *T. viride* na dose recomendada após 90 dias de inoculação.

Capítulo I

Introdução

Os microrganismos de importância agrícola (AIM) são utilizados nos agroecossistemas para diferentes fins, como a promoção do crescimento das plantas, o controlo biológico de agentes patogénicos das plantas, ervas daninhas, pragas de insectos e degradação de materiais orgânicos **(Vessey, 2003)**. *Os Trichoderma* têm uma distribuição cosmopolita e estão frequentemente presentes em todos os tipos de solo, estrume e materiais vegetais em decomposição **(Alexander, 1961)**.

Trichoderma spp. são fortes invasores oportunistas, de crescimento rápido, produtores prolíficos de esporos e poderosos produtores de antibióticos. Portanto, são fungos ecologicamente muito bem-sucedidos **(Singh *et al.*, 2009)**. Colónias de crescimento rápido com tufos ou postulados, conidióforos repetidamente ramificados com fialídeos lageniformes e conídios hialinos ou verdes em cabeças viscosas são as características de *Trichoderma* **(Bissett, 1984)**.

Várias estirpes de *Trichoderma* são importantes na conceção de estratégias de biocontrolo eficazes e seguras. Muitas espécies de *Trichoderma* têm múltiplas estratégias de antagonismo fúngico e efeitos indirectos na saúde das plantas (como a promoção do crescimento das plantas e a melhoria da fertilidade). Algumas estirpes são potentes produtoras de antibióticos e a sua adequação para utilização em sistemas de biocontrolo deve ser cuidadosamente avaliada. No entanto, muitas outras estirpes activas não têm capacidade antibiótica e é provável que sejam mais úteis em sistemas de produção alimentar. As estirpes de *Trichoderma para* o biocontrolo desenvolveram numerosos mecanismos para atacar outros fungos e melhorar o crescimento das plantas.

Trichoderma utilizado para a gestão adequada de vários agentes patogénicos foliares e do solo para as plantas. A murchidão e a podridão radicular são as doenças mais populares causadas por fungos transmitidos pelo solo encontrados na rizosfera. *Fusarium* spp. são fungos transmitidos pelo solo que causam a murchidão em diferentes culturas agrícolas, hortícolas e florestais. As doenças de *Rhizotonia* blight de diferentes plantas são geridas com sucesso por *T. harzianum* e *T. viride* com tratamento de sementes e alteração do solo **(Mohanan, 1996)**. O tratamento de sementes com *Trichoderma pseudokoningii* e *T. harzianum reduz* a micoflora das sementes, melhora a germinação e o vigor em árvores florestais como *Dendrocalamus striuctus, Phyllanthusembtica, Hardwickia binate* e *Dalbrgia latifolia*. Estes agentes de biocontrolo (*T. pseudokoningii* e *T. harzianum}* demonstraram ser superiores a outros tratamentos como o químico, o físico e o extrato de plantas **(Mamatha *et al.*, 2000).**

O nemátodo das galhas *Meloidogyne javanica* é um parasita comum das plantas que está presente no solo agrícola e pode danificar gravemente as plantas em crescimento, incluindo o tomate, o pepino, o melão e outras culturas hortícolas nas zonas de clima quente, causando perdas consideráveis de rendimento. Os nematicidas têm sido utilizados para controlar estas pragas com resultados notáveis. Devido aos problemas causados pelos produtos químicos, principalmente os seus efeitos deletérios na saúde humana e no ambiente, o desenvolvimento de métodos de controlo alternativos é de grande importância **(Sahebani e Hadavi, 2008).** O controlo biológico das plantas surgiu recentemente como uma alternativa promissora à utilização de pesticidas sintéticos. O controlo biológico de fitopatógenos e nemátodos transmitidos pelo solo por microrganismos antagonistas é um potencial meio não químico de controlo de doenças das plantas **(Stirling, 1991)**. Foi utilizada uma vasta gama de bactérias **(Hallmann *et al.*, 2001)** e agentes fúngicos (Meyer *et al.*, 2001) para reduzir uma série de nemátodos parasitas de plantas. Algumas espécies de *Trichoderma* têm sido amplamente utilizadas como agentes de controlo biológico contra doenças de plantas transmitidas pelo solo **(Whipps, 2001).**

O micoparasitismo ocorre quando um fungo existe em associação íntima com outro fungo do qual obtém alguns ou todos os seus nutrientes, sem conferir qualquer benefício em troca. Os micoparasitas biotróficos têm um contacto persistente com células vivas ou ocupam-nas, ao passo que os micoparasitas necrotróficos matam as células hospedeiras, muitas vezes antes do contacto e da penetração. *Trichoderma* foi relatado pela primeira vez como micoparasita de *Rhizoctonia solani, Sclerotium rolfsii, Phytophthora* spp., *Pythium* spp. e *Rhizopus* spp. por **Weindling (1932).** *Trichoderma* parasita diferentes géneros de fungos patogénicos para plantas, incluindo *Rhizoctonia, Sclerotium, Sclerotinia, Helminthosporium, Fusarium, Armillaria, Pythium, Colletotrichum, Verticillium, Venturia, Endothia, Phytophthora, Rhizopus, Diaporthe* e *Fusicladium* **(Wells, 1988).**

Certas estirpes de micróbios não patogénicos podem induzir resistência nas plantas contra vários agentes patogénicos. Este tipo de resistência temporária (sem manipulação genética) induzida nas plantas é designada por resistência induzida.

Em alguns casos, *os Trichoderma* spp. estabelecem interacções simbióticas com as plantas, tal como outros micróbios colonizadores de raízes, como os rizóbios e as micorrizas, e estas interacções mantêm-se durante muito tempo. As melhores estirpes são capazes de crescer com as raízes das plantas e proporcionar benefícios durante toda a estação.

O Trichoderma harzianum aumentou o desenvolvimento das raízes e a produção em diferentes plantas, como a videira de betel, o girassol, a mostarda, o crisântemo, o patchouli, a soja, o tomate, o milho, a cana-de-açúcar e o grão-de-bico **(Singh, 2006; Mishra *et al.*, 2000). A** eficiência da utilização de azoto em com é melhorada por *T. harzianum.* Alguns nutrientes, como P, Zn, Mn, Fe e Cu, são solubilizados por *T. harzianum* **(Singh *et al.*, 2009).**

Verificou-se que várias enzimas produzidas por *Trichoderma*, como a quitinase e as 0-1,3-glucanases, estão diretamente envolvidas na interação de micoparasitismo entre *Trichoderma* spp. e os seus hospedeiros **(Kubicek *et al.*, 2001).** *Trichoderma spp.*, que actua como agente de biocontrolo, produz enzimas celulolíticas extracelulares, nomeadamente endoglucanases, exogluconases e celobiase, que actuam sinergicamente na conversão de celulose em glucose **(Eveleigh, 1987).** *Trichoderma* ataca diretamente o agente patogénico da planta excretando enzimas líticas tais como quitinases, P-1,3 glucanases e proteases **(Haran *et al.*, 1996).**

Algumas espécies de *Trichoderma* também parasitam fungos não patogénicos (benéficos), como o *T. harzianum*, que causa o bolor verde, que é a doença mais comum e destrutiva no cultivo de cogumelos **(Verma e Ratnoo, 2012).** A doença do bolor verde dos cogumelos também é causada por *T. viride.*

Os pesticidas têm efeitos agudos ou tóxicos e representam um risco para os seres vivos. A sua utilização generalizada tem causado problemas de saúde em muitas partes do mundo. A contaminação ambiental pode também resultar na exposição humana através do consumo de resíduos de pesticidas nos alimentos e, eventualmente, na água potável. Os pesticidas são utilizados na agricultura, na horticultura e na saúde pública para o controlo de parasitas, como insectos e roedores, organismos patogénicos e vectores de doenças. São compostos biologicamente activos concebidos para matar organismos-alvo. São também utilizados na medicina veterinária e humana para controlar os parasitas. Os ocupantes de casas pulverizadas com pesticidas altamente perigosos podem ser expostos através de resíduos nas superfícies internas e da contaminação de alimentos e água. Alimentos e água potável Os resíduos de pesticidas altamente perigosos podem ser encontrados nos alimentos e nos meios ambientais. A população em geral está exposta principalmente através do consumo de resíduos de pesticidas nos alimentos e, por vezes, na água potável. Em muitas regiões do mundo, as crianças realizam regularmente trabalho agrícola. Devido ao seu comportamento imaturo, as crianças correm um risco especial de exposição a pesticidas altamente perigosos. As crianças pequenas que brincam podem ser expostas a contentores de pesticidas, a resíduos em superfícies e através da ingestão de solo contaminado.

Entre as várias estratégias disponíveis para a gestão das doenças das plantas, as estratégias de base química têm sido dominantes até à data. A utilização de pesticidas sintéticos levou ao aparecimento de vários problemas, como a poluição ambiental, o efeito residual nos cereais e a morte de organismos não visados. O desenvolvimento de estirpes resistentes de agentes patogénicos das plantas é um problema grave de gestão das doenças, que aumenta devido à aplicação de estratégias exclusivamente pesticidas para a gestão das doenças das plantas.

Os controlos biológicos dos agentes patogénicos das plantas utilizando numerosos micróbios que são antagonistas dos agentes patogénicos das plantas estão bem documentados. Os agentes de controlo biológico não substituirão todos os pesticidas num futuro previsível, mas desempenharão um papel importante e significativo na gestão integrada das pragas (IPM). O êxito dos agentes de biocontrolo depende da sua compatibilidade com outros sistemas de gestão de doenças **(Desai *et al.*, 2002).** A integração de doses subletais de pesticidas químicos compatíveis com agentes de biocontrolo que são resistentes a doses relativamente elevadas de produtos químicos é uma das formas mais eficazes de reduzir a quantidade de pesticidas **(Chet, 1987).**

Muitos potenciais agentes de controlo biológico não podem passar da fase experimental para a fase de comercialização devido à incompatibilidade com os métodos de produção actuais. Qualquer agente de controlo biológico deve ser eficaz e compatível com as práticas agrícolas modernas, de modo a que a sua utilização possa ser integrada no sistema de produção. O sucesso do agente de controlo biológico depende da mistura inteligente deste agente com agroquímicos como fungicidas, insecticidas, herbicidas e fertilizantes, *etc.*

Trichoderma spp. é um agente de biocontrolo fúngico barato e amigo do ambiente, utilizado para a gestão adequada de vários agentes patogénicos foliares e do solo das plantas **(Khandelwal *et al.*, 2012).** A capacidade do *Trichoderma spp.* para controlar doenças das plantas por micoparasitismo e através da produção de uma vasta gama de substâncias antagonistas e o seu papel nos promotores de crescimento é conhecida há muitos anos **(Harman *et al.*, 2004).**

O presente estudo visa determinar a sensibilidade in *vitro* e *in vivo* de *T. viride* a pesticidas químicos que são normalmente aplicados em culturas para reduzir a gravidade de vários agentes patogénicos para as plantas. Por conseguinte, tendo em conta a importância dos agentes de biocontrolo e dos pesticidas, o presente trabalho de investigação foi realizado com os seguintes objectivos

1. Isolamento e caraterização de *T. viride.*
2. Eficácia de *T. viride* contra *Rhizoctonia solani.*
3. Avaliação da tolerância e sensibilidade de *T. viride* contra pesticidas comuns *in vitro.*
4. Avaliação da tolerância e sensibilidade de *T. viride* contra pesticidas comuns no solo.

Revisão da literatura

Foi feita uma breve revisão da literatura disponível relativamente a vários aspectos da presente investigação, que foi apresentada neste capítulo em Isolamento e caraterização de *Trichoderma*, Eficácia de *Trichoderma* com fungos patogénicos *(R. solani)*, Compatibilidade de *Trichoderma* com pesticidas selectivos (fungicidas, insecticidas), tolerância e sensibilidade de *T. viride* contra pesticidas comuns no solo.

Isolamento e caraterização de *Trichoderma*

Trichoderma é facilmente isolado de qualquer substrato usando o meio de ágar dextrose de batata (PDA) pelos métodos de placa de solo/placa de diluição. **Papavizas** e **Lumsden (1982)** desenvolveram o meio *Trichoderma* E (TME) para o isolamento seletivo do solo. **Kubicek *et al.* (2002)** referiram que as espécies de *Trichoderma* são fungos saprófitas generalizados do solo ou fungos de decomposição da madeira, que parecem estar bem adaptados a diversos stresses abióticos, como a salinidade e a seca.

Samuels (1996) referiu que a estreita semelhança morfológica que existe entre as espécies de *T. harzianum* e *T. hamatum, T. viride* e *T. asperellum,* e *T. koningii* e *T. konilangbra* foi resolvida claramente sem qualquer controvérsia, utilizando os dados morfológicos de forma clássica, os resultados obtidos a partir de análises moleculares e isozimáticas com análise cladística parecem ser mais objectivos na segregação do que os dados tradicionalmente observados e analisados.

Kulling *et. al.* (2000) isolaram espécies de *Trichoderma* do solo dos Himalaias utilizando PDA e ágar celulose. **Rifai (1969)** e **Bisset (1984)** acrescentaram dois por cento de ágar de extrato de malte (MA) e ágar de aveia (OA) para identificar as espécies.

Sekhar *et. al.* (2003) determinaram os efeitos do pH 5, 6, 7, 8 e 9 e da temperatura 15, 20, 25, 30 e 35^0 C no crescimento e esporulação de estirpes de *Trichoderma*. O crescimento e a esporulação das estirpes de *Trichoderma* foram óptimos apH5 -7 e 25 - 30° C.

Kunming (2004) estudou o valor potencial de aplicação de estirpes de *T. harzianum* (Th-B) em meios de cultura com base na sua temperatura e valor de pH. A estirpe cresceu a $15-35^0$ C e, de forma óptima, a $25-3O^o$ C. Pode crescer a pH 5-8 e, de forma óptima, a pH 5-6.

Kulkami e **Sagar (2007)** mencionaram a posição taxonómica de *Trichoderma* como fase assexuada e *Hypocrea* como fase sexual.

Position	Asexual (conidial)	Sexual (ascospore)
Kingdom	Fungi	Fungi
Phylum	Ascomycota	Ascomycota
Sub division	Deuteromycotina	Ascomycotina
Class	Hypomycetes	Pyremomycetes
Order	Moniliales	Sphaeriales
Family	Moniliaceae	Hypocreaceae
Genus	*Trichoderma*	*Hypocrea*

Kumar e Singh (2008) realizaram uma experiência para estudar a taxa de crescimento de *T. citrinoviride, T. flavofuscum, T. hamatum, T. harzianum, T. Koningii, T. virnes, T. viride* e *T. longibrachiatum* em ágar batata dextrose (PDA), meio seletivo *Trichoderma* (TSM), meio de ágar celulose (CAM), ágar nutriente especial (SNA), ágar extrato de malte (MEA) e ágar farinha de aveia (OMA). *T. citrinoviride* cresceu melhor em PDA e CAM; *T. flavofuscum* em PDA; *T. hamatum* em MEA, PDA e SNA; *T. harzianum em* PDA; *T. koningii* em PCA e CAM; *T. virens* em SNA, PDA e MEA; *T. viride* em PDA, CAM e SNA e *T. longibrachiatum* em PDA.

Singh e Sudhir (2009) observaram que a temperatura teve uma influência significativa no crescimento e na esporulação de espécies de *Trichoderma*, em que a temperatura mais favorável para as oito espécies *de Trichoderma* foi encontrada entre 25-30°C, onde a média de crescimento registada foi entre (53-90mm dia.). **Singh** e **Gupta (2008)** também referiram que *T. viride* necessitava de 15-20°C para um crescimento máximo em condições laboratoriais.

Devi e Singh (2010) obtiveram cinquenta e cinco isolados de *Trichoderma a* partir de 30 amostras de solo recolhidas em várias partes de Manipur, que foram identificadas como 6 espécies do género, *T. viride, T. koningii, T. hamatum, T. virens, T. harzianum* e *T. longibrachiatum.*

Pandya e Sabalpara (2012) recolheram e isolaram *Trichoderma* spp. em áreas de bolso do sul de Gujarat, o que levou à identificação de estirpes nativas. Seis novas estirpes nativas de *Trichoderma* spp. *viz., T. fasciculatum* [TFC-1, TFC-2 (rícino)], *Trichoderma viride* [TVS-1, TVS-2 (cana-de-açúcar)], *T. harzianum* [THCh-1 (grão-de-bico)] e *T. atroviride* [TACh-1 (grão-de-bico)] foram isoladas pela primeira vez, identificadas e registadas na região do sul de Gujarat. *T. fasciculatum* e *T. atroviride* não foram registados até à data nem no Sul de Gujarat, nem em Gujarat, nem na Índia.

Barhate *et al.* (2012) testaram os seis bioagentes em que *T. harzianum* registou a maior inibição do crescimento (83,33%) de *Colletotrichum capsici* em relação ao controlo, seguido de *T. Koningii, T. longiforum, Pseudomonas fluorescens, T. viride* e *T. hamatum* com 81,11, 76,66, 67,77, 56,66 e 53,33% de inibição do crescimento em relação ao controlo, respetivamente.

Ghaffar (2013) testou antagonistas microbianos *in vitro* e *in vivo* para controlar *F. oxysporum* (podridão de sementes de cucurbitáceas). *T. harzianum, T. viride e Gliocladium* reduziram significativamente a mortalidade de plântulas e a infeção por podridão radicular de *F. oxysporum* em cabaça de garrafa e pepino *in vitro* e *in vivo*. O *T. harzianum* foi considerado o mais eficaz na redução da mortalidade de plântulas e da infeção radicular em pepino e cabaça de garrafa.

Eficácia de *Trichoderma* com fungos patogénicos:

Ramesh (2000) estudou a eficácia de agentes de biocontrolo fúngicos. Dos dois agentes de biocontrolo, o *T. viride* MNT-7, seguido do *T. viride* MNT-2, foram os mais eficazes na inibição do crescimento da podridão do colo do viveiro causada por *R. solani* (o anamorfo de *Thanatephorus cucumeris}*.

Sankar e Sharma (2001) identificaram um isolado de *T. viride* adequado para o controlo da podridão do carvão *(M. phaseolina)* no milho. Dos 9 isolados de *T. viride* avaliados em testes preliminares, 2 (MR e 4282) foram seleccionados pelo seu desempenho superior em laboratório. No entanto, todos os nove isolados produziram substâncias voláteis inibitórias *in vitro*.

Mahesh e Saifulla (2006) avaliaram a eficácia de 9 agentes de controlo biológico de fungos (*T. viride* TV 97, *T. virens* TVs 12 e TVs 13, *Aspergillus* sp., *T. hamatum* THa CICR e

THa 138, *T. pseudokoningii, T. harzianum* PDBC THIO e TH B9) no controlo de *F. udum*, utilizando a técnica de cultura em placa dupla. A inibição máxima do crescimento fúngico (85,14%) entre os agentes biológicos foi observada em *T. viride* TV 97.

Onkarappa *et al.* **(2006)** avaliaram a eficácia *in vitro* de *T. harzianum* e *T. viride* contra podridões fúngicas (causadas por *Colletotrichum* e *Fusarium* spp.) de baunilha *{Vanilla* sp.) através de cultura dupla. *T. viride* e *T. harzianum* exibiram um comportamento de hiperparasitismo em relação a espécies de *Colletotrichum* e *Fusarium*.

Sirohi *et al.* **(2007)** estudaram a grama verde cv. K-851 para avaliar a eficácia de *T. viride* com compatibilidade contra *R. solani*. Os tratamentos incluíram -controlo, *R. solani +T. viride, R. solani* + ergostim e *R. solani +T. viride* + ergostim. Na primeira experiência, *T. viride* inibiu significativamente o crescimento do agente patogénico (tanto micelial como esclerótico) em comparação com o controlo e mostrou o efeito mais elevado na proporção de 1:4. A segunda experiência mostrou claramente a compatibilidade do ergostim com *T. viride*. O tratamento de sementes com 6 g de *T. viride/kg de* sementes e 3 ml de ergostim/kg de sementes, isoladamente e em combinação, reduziu a incidência da doença em 93,34%, e também aumentou a percentagem de germinação, a altura da planta, o peso dos rebentos e o rendimento.

Lisboa *et al.* **(2007)** avaliaram uma seleção *in vitro* entre 24 isolados de *T. harzianum* e 12 isolados de *Gliocladium viride* que inibiram o desenvolvimento do mofo cinzento do tomateiro *(Botrytis cinerea}*.

Raju *et al.* **(2008)** analisaram a eficácia de *Trichoderma* spp. *viz., T. viride, T. harzianum* e *T. hamatum* no controlo do patogéneo *R. solani* Kuhn da praga da bainha do arroz. Os estudos de cultura dupla *in vitro* revelaram uma inibição máxima de *R. solani* com *T. harzianum* (76,47%), seguido de *T. viride* (65,03%) e *T. hamatum* (63,43%).

Kumar *et al.* **(2008)** avaliaram *in vitro T. viride* e *T. harzianum* e verificaram um forte antagonismo com uma zona de inibição de 5,6 e 4,7 mm, respetivamente. Na nossa investigação, a inibição máxima de *R. solani* foi registada em *T. viride*, com 88,29% de inibição, seguido de *T. harzianum* (82,50%) em 15 dias de incubação. Avalia-se que ambas as *espécies de Trichoderma* mostraram potencial antagónico contra *R. solani*.

Gawade *et al.* **(2009)** avaliaram *in vitro as* formulações prontas de *T. viride* (Tricho-Action, 100% p/p) e *Verticillium lecanii* (Viro-Action, 100 p/p) contra *C. truncatum*, utilizando PDA como meio basal e aplicando a técnica de cultura dupla. Os bioagentes, *T. viride* e *V. lecanii*, registaram uma inibição média do crescimento micelial de 41,79 e 23,75%, respetivamente.

Somani e Arora (2010) avaliaram que a doença do "black scurf" *(R. solani)* da batata podia ser significativamente reduzida através do tratamento dos tubérculos-semente com *T. viride, Bacillus cereus* estirpe B4 e *B. subtilisstram* B5 isoladamente ou em diferentes combinações. A incidência da doença foi reduzida de 72% no controlo não tratado para 42% *(ou seja,* redução de 42%) e o índice de gravidade de 1,6 unidades para 0,6 unidades *(ou seja,* redução de 62,5%) em tubérculos-semente tratados em combinação com os três bioagentes acima referidos.

Banerjee *et al.* (2010) avaliaram o efeito antagónico de *T. viride, T. lignorum, T. harzianum, T. hammatum* e *T. recei* contra *Alternaria* spp. que causam o míldio foliar de *Ocimum sanctum* in *vitro. T. viride* foi o antagonista mais potente para controlar o patogénio com 84,04% de eficiência.

Devi e Singh (2010) avaliaram os isolados mais potenciais de *Trichoderma* spp. e observaram as suas actividades antagonistas contra o agente patogénico da podridão da maçã, *Penicillium expansum.* Todos os isolados foram analisados quanto às suas actividades antagonistas *in vitro* contra o agente patogénico. Dos cinquenta e cinco isolados de *Trichoderma*, foram seleccionados 10 *Trichoderma* spp. altamente antagonistas, que foram avaliados contra o agente patogénico através da produção de inibidores voláteis e não voláteis. A inibição máxima do crescimento micelial do agente patogénico foi demonstrada pelos metabolitos do isolado de *T. viride* (TV19).

Patil *et al.* (2010) testaram *in vitro* o efeito antagonista de bioagentes sobre *C. gloeosporioides, revelando* que *T. harzianum* e *T. viride* foram os mais eficazes. No entanto, *Gliocladium virens* também foi considerado eficaz quando o agente patogénico foi colocado no centro. *Serratia* sp. foi considerado menos eficaz.

Upma Dutta Kalha (2011) avaliou os doze isolados de bioagentes residenciais, *a saber,* quatro isolados de *T. viride,* quatro isolados de *T. harzianum* e quatro isolados de *Pseudomonas fluorescens, que* foram avaliados *in vitro* contra *R. solani,* um agente causador da praga da bainha do arroz, de acordo com a técnica de alimentos envenenados. Entre os bioagentes, os isolados de *T. viride* foram mais eficazes do que os isolados de *T. harzianum* e *P. fluorescens*.

Patil *et al.* (2011) testaram quatro bioagentes fúngicos *in vitro* quanto à sua eficácia na inibição do crescimento de *Alternaria dianthicola*, causadora do míldio foliar do gladíolo. O efeito antagónico dos bioagentes fúngicos sobre *A. dianthicola* revelou que *T. viride* e *T. harzianum* inibiram significativamente o crescimento micelial do fungo.

Nazir *et al.* (2011) realizaram estudos de campo e de laboratório em Uttar Pradesh, na Índia, para determinar a eficácia de *T. viride* e *T. harzianum* na gestão de *Pythium aphanidermatum* e *Thanatephorus cucumeris,* que causam podridão radicular e doenças de amortecimento em tomates e malaguetas. A atividade antagonista de *T. viride* e *T. harzianum* contra *P. aphanidermatum* e *T. cucumeris* foi também determinada utilizando o método de placa dupla. Os tratamentos das sementes e das camas de sementes com ambos os antagonistas, isoladamente ou em combinação com estrume de quinta, reduziram significativamente as doenças do amortecimento e da podridão radicular e aumentaram a germinação das sementes, a altura das plantas, o número de folhas e o peso fresco do tomate e do pimento, em comparação com o controlo.

Swierczynska *et al.* (2011) estudaram que *Trichoderma* tem uma forte atividade antagonista contra fungos que causam doenças nas plantas. A fim de comparar a eficácia de *T. viride* em *Fusarium* spp. *(F. avenaceum, F. culmorum, F. graminearum, F. oxysporum, F. poae}* estudado *in vitro.TQsted* fungos foram inoculados em pares (*T. viride/Fusarium* spp.) em meio PDA estéril em placas de Petri. Durante a experiência, foi observado um efeito antagónico de *T. viride* em culturas de *Fusarium spp.*

Ragab *et al.* (2012) avaliaram o efeito inibitório dos bioagentes antagonistas contra o crescimento linear de dois isolados de *F. oxysporum*, o patógeno da murcha do pimentão *(C. annum* L.), *in vitro*. Foram testados os microrganismos antagonistas *T. harzianum, T. viride e T. aureiviride*. Os resultados obtidos indicam que os bioagentes antagonistas, *T. viride,* mostraram um efeito inibitório superior contra o crescimento de fungos patogénicos em comparação com *T. harzianum* e *T. aureiviride*.

Jagtap *et al.* (2012) avaliaram quatro espécies de *Trichoderma* antagonista avaliadas *in* *vitro, que se revelaram* eficazes contra *Colletotrichum truncatum* e registaram uma inibição significativa do agente patogénico testado em relação ao controlo não tratado. No entanto, *T. viride* foi considerado o mais eficaz e registou um diâmetro médio de colónia de 18,53 mm e registou uma inibição de crescimento significativamente mais elevada (79,40%) do agente patogénico testado. Seguiu-se o *T. hamatum* com 73,74% de inibição do crescimento.

Alwan *et al.* (2012) estudaram a qualidade da fúria *T. viride* e *T. harzianum* na proteção de sementes pretas contra a infeção com a fúria do campo é *F. lateritium, F. solani, Rhizoctonia* sp. e o seu efeito no crescimento e o efeito positivo de *T. harzianum* e *T.viride* na melhoria da percentagem de germinação, comprimento da planta e peso seco da vegetação e sistema radicular, especialmente para isolar o fungo *T. viride* se as características medirem o crescimento em (70%, 16.16 cm, 0,330 g, 0,120 g) respetivamente em comparação com outros (64,66%, 11,66 cm, 0,123 g, 0,053 g) Os resultados mostraram que a adição do agente de biocontrolo *T. harzianum* não deu resultados positivos no controlo dos fungos patogénicos *F. solani, F. lateritium* e *Rhizoctonia* sp. Enquanto a adição do agente de biocontrolo *T. viride* com os fungos *F. solani* e *Rhizoctonia* sp. melhorou significativamente as características da planta, mas falhou no controlo do fungo *F. lateritium*.

Khan *et al.* (2012) avaliaram dois fungos antagonistas, *T. harzianum* (TH-CICR) e *T. viride* (TV-97), quanto ao seu efeito antagónico contra *F. oxysporum* f.sp. *ciceri in vitro* através de um teste de cultura dupla. Entre os antagonistas fúngicos, a inibição máxima foi observada em *T. harzianum* (83,33%) seguido por *T. viride* (75,66%).

Mishra e Gupta (2012) avaliaram bioagentes *in vitro* contra a mancha púrpura e o míldio da cebola causado por *Alternaria porri* e *Stemphylium vesicarium*. Entre os bioagentes, *T. viride* foi eficaz na inibição do crescimento (53,17 e 56,15%).

Dar *et al.* (2013) avaliaram sete bioagentes, nomeadamente *T. harzianum, T. viride, Gliocladium virens, Lacaria laccata, Boletus edulis, Suillus placids* e *Russula lutea in vitro*, utilizando técnicas de cultura dupla e de filtrado cultural para determinar o seu efeito na inibição do crescimento micelial e na germinação de esporos de *Fusarium oxysporum* f.sp. *pint*. Na cultura dupla, a inibição máxima do crescimento micelial foi registada em *T. harzianum*, seguida dos filtrados de bioagentes.

El-Mougy *et al.* (2013) avaliaram *in vitro* a capacidade antagonista de três isolados de *Trichoderma* spp. contra o crescimento linear de fungos patogénicos da raiz. O cloreto de cálcio aumentou significativamente a capacidade antagonista de *T. harzianum, T. viride* e *T. hamatum*, respetivamente. Os antagonistas *T. harzianum* e *T. viride* resultaram numa redução de 100% do crescimento de fungos patogénicos a uma concentração de 0,2% e 0,4%, respetivamente. No que respeita aos óleos essenciais, o óleo de canela tem uma eficácia superior no aumento da eficácia antagonista de *T. harzianum, T. viride* e *T. hamatum*, seguido dos óleos de cravinho e tomilho em todas as concentrações utilizadas.

Jagtap *et al* (2013) avaliaram a eficácia de *T. viride, T. harzianum* e *T. koningii* contra *C. capsici in vitro*. O *T. harzianum* foi considerado o antagonista mais eficaz, causando uma inibição do crescimento de 53,33%. Mostrou a possibilidade do método mais ecológico e barato de controlo da doença da mancha foliar. O *T. viride* foi superior ao *T. harzianum* na experiência de cultura em vaso.

Narendrappa e Nandini (2013) realizaram experiências *in vitro* para investigar a eficácia dos antagonistas fúngicos utilizados foram *T. viride* IIHR 56, UAS, NBAII, BCRL, IIHR 22, IIHR 27; *T. harzianum* IIHR 20, UAS, NBAII e BCRL; *P. fluorescens* BCRL e UAS; *Bacillus* spp. BCRL; e *B. subtilis* UAS contra *Alternaria solani* causando a doença da requeima do tomateiro. Entre os tratamentos, *T. harzianum* foi o melhor na inibição do crescimento micelial de *A. solani*.

Manjunath *et al.* (2013) avaliaram a eficácia *in vitro* de agentes de biocontrolo contra a antracnose causada por *C. lindemuthianum* (Sacc. & Magnus) Lams. Seri do feijão Dolichos *{Lablab purpureus* L.). *T. viride* (92,22%) inibiu o crescimento micelial do fungo ao máximo, seguido por *Bacillus subtilis* (89,44%).

Compatibilidade de *Trichoderma* com pesticidas

(a). Compatibilidade de *Trichoderma* com fungicidas

Gupta e Kerni (1995) avaliaram que mancozeb (1000 ppm), thiram (1000 ppm) e tiofanato metílico (100 ppm) inibem completamente os isolados de *T. viride in vitro.*

Carbendazim (100 ppm) inibiu o desenvolvimento de *T. viride* em 70,16%, seguido por iprobenfos (500 ppm) e oxicloreto de cobre (1000 ppm) (30,40 e 7,16%, respetivamente). O hipoclorito de cálcio (1500 ppm) não teve efeito sobre o crescimento de *T. viride.*

Karpagavalli (1997) testou os fungicidas *in vitro.* O oxicloreto de cobre foi o menos inibidor do crescimento radial de *T. harzianum* e *T. viride. T. viride* foi mais tolerante aos fungicidas do que *T. harzianum.*

Sas-Piotrowska *et al.* (1997) avaliaram a toxicidade de metalaxil, propamocarbe, diclofluanida, captana, vinclozolina, iprodiona, tiabendazol e triflumizol, isoladamente e em combinação, para 4 espécies de *Trichoderma numa* experiência *in vitro. T. harzianum* e *T. album* foram mais susceptíveis do que *T. koningii* e *T. viride.*

Pandey e Upadhyay (1998) avaliaram o efeito *in vitro* de 4 fungicidas (aureofungina e bavistina a 100, 250 e 500pg/ml e tirame e kavach a 500, 1000 e 2000 pg/ml) contra *F. udum, T. udum* e *T. harzianum.* Concluiu-se, através de bioensaios *in vitro,* que *T. viride* e *T. harzianum* são altamente sensíveis à bavistina e não podem ser integrados, uma vez que esta inibe completamente o crescimento a 10 ppm. A integração de *T. viride* com tirame pode não ser benéfica a 25 ppm. No entanto, *o T. harzianum* pode ser integrado com thiram apenas até 50 ppm para a gestão da doença da murchidão *de Fusarium.*

Goudar e Kulkarni (1999) testaram a compatibilidade de *T. viride* e *T. harzianum* (@ 4g/kg de sementes) com fungicidas (carbendazim @ 0,05% e captan @ 0,2% como tratamentos de sementes) para o controlo da murchidão de *Fusarium* do feijão bóer causado por *F. udum.* Os resultados dos estudos *in vitro* mostraram que os antagonistas não foram afectados pelo carbendazim e pelo captan. A percentagem de inibição de *F. udum* em *T. viride* e *T. harzianum* foi de 55,0 e 51,0, respetivamente, em comparação com o controlo e 52,0 e 44,0% para carbendazim e captan, respetivamente. Os tratamentos combinados apresentaram maior inibição (60,0%). Em testes em estufa, as sementes tratadas com carbendazim e carbendazim + *T. viride* apresentaram 90% de germinação em comparação com 76% para a testemunha. O tratamento com carbendazim + *T. viride* também apresentou a menor incidência de murcha (16,0%), seguido por carbendazim + *T. harzianum* (20,0%).

Malathi *et al.* (2002) testaram o efeito de carbendazim e tiofanato-metilo no crescimento de *T. viride* (Tv 33, Tv 48 e Tv 52) e *T. harzianum* (Th 5 e Th 62) *in vitro.* Todos os isolados *de*

Trichoderma não cresceram a 1 e 5 ppm de carbendazime. O tiofanato-metilo a 1 ppm não afectou significativamente o crescimento destes isolados. O tiofanato-metilo a 1 ppm aumentou a atividade antagonista de *Trichoderma* contra *C. falcatum* (causador da podridão vermelha) e reduziu o crescimento micelial (10-15%).

Demirci *et al.* (2002) avaliaram os efeitos de 8 fungicidas triazóis (ciproconazol, diniconazol, flusilazol, hexaconazol, miclobutanil, penconazol, tebuconazol e triticinazol) *sobre T. harzianum, T. viride, T. pseudokoningii, T. hamatum, Gliocladium viride, Aspergillus niger, Penicillium verrucosum* e o não-patogénico *F. oxysporum* em ágar dextrose de batata *in vitro*. O flusilazol teve o maior efeito sobre os fungos antagonistas e o *F. oxysporum*, seguido do tebuconazol, diniconazol e penconazol. O ciproconazol e o triticonazol tiveram o menor efeito sobre os fungos.

Tiwari e Srivastava (2003) testaram o efeito inibitório de mancozeb 75% WP, carbendazim 50% WP, thiram 75% WP, captan 75% WP e oxicloreto de cobre 50% WP a 500, 750 ou 1000 ppm sobre o crescimento de *T. viride* e *T. harzianum* pela técnica de veneno alimentar. A maior inibição (100%) do crescimento de *T. viride* e *T. harzianum* após 48, 96 e 144 h foi exibida por tirame e carbendazim em todas as concentrações. Mancozeb até 750 ppm, captan até 750 ppm e oxicloreto de cobre até 1000 ppm não inibiram significativamente o crescimento de ambos os organismos; assim, estes fungicidas podem ser utilizados com *T. viride* e *T. harzianum* em sistemas de controlo integrados.

Bhat e Srivastava (2003) avaliaram catorze fungicidas (2501000 ppm; Emisan [cloreto de 2-metoxietilmercúrio], Blitox 50 [oxicloreto de cobre], Captaf [captana], Indofil M-45 [mancozebe + tiofanato-metilo], Bavistin [carbendazime], Benlate [benomil], Roko, Saaf, Calixin [tridemorfe], Tilt [propiconazol], Contaf [hexaconazol], Topas [penconazol], RIL F004 e Contaf 5% SC) contra três *Trichoderma* spp. para compatibilidade *in vitro*. Emisan e Saaf (250 ppm) e triazóis (250-1000 ppm) foram altamente inibitórios contra *Trichoderma*. O Bavistin e o Benlate inibiram completamente o *Trichoderma* mesmo a 250 ppm. O Indofil M-45 foi fungistático contra *T. viride* a 500 ppm.

Dean *et al.* (2004) avaliaram a compatibilidade *in vitro* de dois fungos antagónicos, *T.*

viride TV1 e estirpe hipovirulenta de *F. oxysporum* IF23, com alguns fungicidas e herbicidas. Os seus efeitos foram avaliados no crescimento das colónias. *O T. viride* mostrou uma elevada compatibilidade com todos os herbicidas e fungicidas, exceto com o tolclofos-metilo, a iprodiona e o diclorano. A estirpe hipovirulenta de *F. oxysporum* foi inibida por fluazifop-P-butyl [fluazifop-P] e sethoxydim entre os herbicidas e por iprodione entre os fungicidas.

Gupta e Sharma (2004) realizaram uma experiência para determinar a compatibilidade de agentes de controlo biológico (BCAs) com produtos químicos comercialmente eficazes. Fungicidas e BCAs, como *T. viride, T. harzianum* e *Gliocladium virens*, que se revelaram eficazes em condições *in vitro* e em vasos durante os estudos anteriores, foram avaliados em diferentes combinações. Dos vários produtos químicos testados em condições *in vitro*, o carbendazim foi inibidor de todos os antagonistas fúngicos, enquanto o Mancozeb e o Phorate foram os menos inibidores a 200 ppm.

Gogoi e Ali (2005) avaliaram a compatibilidade de antagonistas fúngicos com captana a 0,10% e a sua eficácia contra o agente patogénico do míldio da bainha do arroz *(Rhizoctonia solani) in vitro*. Os resultados mostraram que *o Trichoderma harzianum* era mais compatível com o captano, uma vez que inibia mais o crescimento do agente patogénico do míldio da bainha do arroz do que o *T. viride* e o *Gliocladium virens*.

Pandey *et al.* **(2006)** avaliaram o limite de tolerância dos fungicidas testados Kavach (clorotalonil), Monceren (pencycuron), Contaf (hexaconazol), Folicur (tebuconazol), Quadris (azoxistrobina), Antracol (propineb) e Kocide (hidróxido de cobre) por vários BCAs *i.e. Aspergillus niger, T. viride, T. koningii, T. harzianum* e *T. virens,* para compatibilidade. A inibição completa de todas as espécies de *Trichoderma* foi observada nos tratamentos com tebuconazol e hexaconazol, mostrando a natureza extremamente tóxica dos fungicidas. O captan e o propineb mostraram um crescimento tolerável até 200pg/ml, enquanto o crescimento tolerável foi observado na azoxistrobina a 400pg/ml. Entre os fungicidas, a azoxistrobina foi menos tóxica e compatível até 400pg/ml. O captan foi fungistático para o *T. harzianum* e pode ser aplicado mantendo um intervalo de 2-3 dias entre a integração do fungicida e do agente de controlo biológico. A combinação do tratamento do solo com captan seguido, alguns dias depois, pelo tratamento de sementes com *Trichoderma* sp. seria muito segura e útil, sem qualquer perda de *Trichoderma* sp. O nível de toxicidade fungicida variou entre os diferentes agentes de controlo biológico. Captan, propineb e azoxystrobin podem ser integrados entre 200-400 pg/ml, dependendo da espécie de *Trichoderma*. O pencycuron pode ser incorporado com *Trichoderma* sp. mesmo a uma concentração superior a 400pg/ml para tratamento de sementes no sistema de gestão integrada.

Mahesh e Saifulla (2006) avaliaram a compatibilidade *in vitro* de 9 fungos (*T. viride* TV 97, *T. virens* TVs 12 e TVs 13, *Aspergillus* sp, *T. hamatum* THa CICR e THa 138, *T. pseudokoningii, T. harzianum* PDBC THIO e TH B9) com os seguintes fungicidas de contacto foram também avaliados através da técnica de intoxicação alimentar: carbendazim (Bavistin 50 WP), mancozebe (Indofil M-45 75 WP), oxicloreto de cobre (Blitox 50 WP), clortalinol (Kavach 75 WP), tiofanato-metilo (Topsin M 70 WP), procloraz 45 EC e Hexaconazol + Mancozebe (HM 324,25 EC) a 500, 1000 e 2000 ppm. Entre os fungicidas, o oxicloreto de cobre foi o mais eficaz e inibiu o crescimento micelial em 97,66% a 2000 ppm, seguido pelo clorotalonil (52,96% a 2000 ppm).

Bhattiprolu (2007) testou a compatibilidade do isolado de *T. viride* com 0,1% de carbendazim, 0,25% de dithane M-45 [mancozeb], 0,3% de thiram, 0,3% de oxicloreto de cobre, 0,1% de tiofanato-metilo e 0,2% de hexaconazol através da técnica de alimentos envenenados. *T. viride* foi compatível com dithane M-45 e thiram, enquanto não foi compatível com carbendazim, hexaconazol e tiofanato-metilo.

Khosla e Gupta (2008) avaliaram que a aplicação isolada dos fungicidas recomendados também não proporciona um controlo eficaz da doença do míldio das plântulas das plantas de viveiro de macieiras causada por *Sclerotium rolfsii [Corticium rolfsii]*. Os fungicidas comummente utilizados e os isolados nativos de *Trichoderma* foram analisados quanto à inibição de *S. rolfsii in vitro*. Carbendazim (0,05%), benomil (0,05%), hexaconazol (0,1%), difenoconazole (0,1%), thiram (0,2%) e mancozeb (0,4%) inibiram completamente o crescimento e a formação de esclerócios do patogénio. *T. viride* resultou numa inibição de 73,3% com um diâmetro mínimo de colónia (1,2 cm) do patogénio. Entre os vários fungicidas testados nas doses recomendadas quanto ao seu efeito no crescimento e esporulação de *T. viride,* os efeitos letais mínimos foram observados em mancozeb (0,4%) seguido por thiram (0,4%) e hexaconazole (0,1%). O hexaconazol (0,1%) e o tirame (0,4%) como irrigação do solo foram testados isoladamente e em combinação com a formulação à base de talco de *T. viride* no campo (Himachal Pradesh, Índia). Foi observada uma incidência mínima de míldio das plântulas (4,72%) com thiram (0,4%) + *T. viride* (0,5%) em comparação com o controlo (37,89%).

Latha (2008) testou a compatibilidade de *T. viride* com fungicidas, *ou seja,* Mancozeb 75% WP, Copper Oxy Chloride 88% WP (COC), Carbendazim 50% WP, Hexaconazole 5% EC, Propiconazole 25% EC e um herbicida, Metolachlor 50% EC, revelou uma variação significativa no efeito desses produtos químicos no crescimento radial e na inibição de *T. viride.* O Mancozeb e o COC nas concentrações de 100 e 500 ppm não inibem o crescimento de *T. viride* a qualquer nível estatisticamente significativo; no entanto, a 1000 ppm o Mancozeb e o COC tiveram um efeito no crescimento de *T. viride.* Fungicidas como carbendazim, propiconazol, hexaconazol e metolacloro, independentemente das concentrações, tiveram um efeito muito significativo no crescimento de *T. viride, de* modo a exibir uma inibição notável completa.

Madhavi *et al.* (2008) testaram a compatibilidade de *T. viride* (TvMl) e *T. harzianum* (ThMl) com diferentes pesticidas, a fim de os enquadrar na gestão integrada de doenças para o controlo da murchidão fusarial da malagueta. Ambos os mutantes fúngicos mostraram uma elevada compatibilidade com carbendazim (0,1%), fipronil (0,2%), imidaclopride (0,025%) e fluchloralin (0,33%). O TvMl mostrou compatibilidade com captana (0,25%), oxicloreto de cobre (0,15%), fosalona (0,1%) e butacloro (0,2%) e o ThMl foi compatível com mancozebe (0,125%) e fosalona (0,1%). Mancozeb (0,25%), oxicloreto de cobre (0,3%), dicofol (0,5%), pendimetalina (0,66%) e alachlor (0,4%) foram considerados altamente inibidores do crescimento radial dos mutantes TvMl e ThMl.

Kumar *et al.* (2009) avaliaram o efeito de Bavistin 50% W.P., Vitavax 75% W.P., Captan 50% W.P., (fungicidas), Chloropyriphos 20 E.C., Monocrotophos 20 E.C., Thimet 10 G (insecticidas), 2,4-D 80% W.P. (herbicida), em 1000 ppm, 100 ppm, 10 ppm e 1 ppm no crescimento de *T. viride* através da técnica de alimentos envenenados. As formulações comerciais acima referidas apresentaram efeitos variáveis no crescimento do fungo, desde inibitórios ou neutros, antiesporulantes a estimulantes. Captan, Monocrotophos e doses mais baixas de Vitavax, Chloropyriphos e Phorate podem ser utilizados em combinação com *T. viride* na IDM de agentes patogénicos seleccionados.

Bagwan (2010) testou a compatibilidade *in vitro* para descobrir fungicidas mais seguros contra *Trichoderma*. Thiram (0,2%), oxicloreto de cobre (0,2%) e mancozebe (0,2%) foram considerados comparativamente mais seguros contra *T. harzianum* e *T. viride* em comparação com outros fungicidas. *Trichoderma* foi mais sensível a captan, tebuconazole, vitavax, propiconazole e chlorothalonil.

Banerjee *et al.* (2010) avaliaram o efeito antagonista de *T. viride, T. lignorum, T. harzianum, T. hammatum* e *T. recei* contra alguns fungicidas selectivos. O antagonista mais potente, *T. viride*, foi submetido a concentrações variáveis de alguns fungicidas selectivos, a fim de determinar a sensibilidade fungicida do referido antagonista, tendo-se verificado que *T. viride* apresentava o limite de tolerância mais elevado ao fungicida sistémico carbendazim até uma concentração de 1%.

Devi e Singh (2010) avaliaram três fungicidas, *nomeadamente* captan, blitox COC e carbendazim, contra isolados de *Pénicillium expansum* (podridão da maçã) e *Trichderma*. O captan era altamente adequado para integração com todos os antagonistas, uma vez que inibia totalmente o crescimento micelial do agente patogénico, mas era menos inibidor para os antagonistas.

Madhusudhan *et al.* (2010) testaram os seis fungicidas em que se verificou que o clorotalonil (75% WP) era seguro para dois *isolados de T. viride* (T_2 e T_4) até 250 ppm, uma vez que causava uma inibição menor de 42,35 e 44,4%, respetivamente, e era eficaz contra *Fusarium solani*, uma vez que apresentava uma inibição de 62,82%. Por conseguinte, o clorotalonil (75% WP) pode ser aplicado juntamente com os isolados de *T. viride* até 250 ppm na gestão integrada. Verificou-se que o mancozebe (75% WP) é seguro para os isolados de *T. viride* e menos eficaz contra *F. solani*. *Verificou-se que o* carbendazim (50% WP), o propiconazol (25% EC), o tridemorfe (80% EC) e o hexaconazol (5% EC) são eficazes contra *F. solani* e não são seguros para os isolados de *T. viride*.

Dighule *et al.* (2011) estudaram as principais doenças fúngicas foliares do algodão in *vitro,* a patogenicidade e a eficácia de fungicidas químicos e bioagentes in *vitro.* Os agentes patogénicos isolados associados a doenças foliares fúngicas foram *Alternaria macrospora, Myrothecium roridum* e *Helminthosporium spiciferum.* A eficácia de seis fungicidas e dois bioagentes foi testada *in-vitro. O* mancozebe (0,3%), o propiconazol (0,1%) e o propinebe (0,3%) foram considerados mais eficazes contra o míldio da Alternaria, o propiconazol (0,1%) e o oxicloreto de cobre (0,25%) contra a mancha foliar de Myrothecium e o mancozebe (0,3%) e o propiconazol (0,1%) foram mais eficazes contra a mancha foliar de *Helminthosporium* em concentração total e 1/2. *O Aspergillus niger* foi considerado mais eficaz do que o *T. viride in-vitro.*

Ansari *et al.* **(2011)** constataram a dominância de T. *viride* sobre *T. harzianum* no manejo da podridão do colo da soja *(Sclerotium rolfsii).* Os fungicidas vitavax power e thiram para tratamento de sementes foram compatíveis com *Trichoderma* e podem ser integrados no manejo da podridão do colo da soja.

Gaikwad *et al.* **(2011)** avaliaram a compatibilidade de *T. viride* com alguns fungicidas para tratamento de sementes disponíveis no mercado, ou seja, tirame, carbendazim, captana, vitavax (carboxina), enxofre molhável, aureofungina e mancozebe, em várias concentrações, utilizando a técnica do alimento venenoso. Os resultados mostraram que o crescimento de *T. viride* foi completamente inibido por carbendazim e vitavax em todas as concentrações. A tendência dos resultados foi semelhante para o carbendazim em meios sólidos e líquidos. O tirame nas concentrações recomendadas e elevadas mostrou 84 e 100% de inibição de *T. viride,* respetivamente. Na aureofungina, o crescimento de *T. viride* foi inibido de forma considerável nas concentrações recomendadas e elevadas, mostrando uma ação fungistática em vez de fungitóxica, uma vez que, mesmo em concentrações elevadas, não se observou uma inibição completa de *T. viride.* Foi obtido um bom crescimento de *T. viride* em todas as concentrações, indicando a compatibilidade de *T. viride* com enxofre molhável. O mancozeb não apresentou efeito inibitório sobre o crescimento de *T. viride,* indicando a compatibilidade de *T. viride* com mancozeb em todas as concentrações.

Madhavi *et al.* **(2011)** avaliaram a compatibilidade de *T. viride* com 25 pesticidas *in vitro.* Entre os seis produtos químicos para tratamento de sementes testados, *o T. viride* apresentou uma elevada compatibilidade com o inseticida Imidacloprid (7,6 cm de crescimento micelial), seguido do Mancozeb (6,3 cm) e do Tebuconazole (3,7 cm). Verificou-se que os fungicidas de contacto, *nomeadamente* o pencycuron e o propineb, são totalmente compatíveis com o *T. viride*. Entre os 10 herbicidas também testados, o fungo foi altamente compatível com Imazathafir (9,0 cm), seguido por 2,4-D sal de sódio (8,9 cm) e Oxyfluoforen (6,5 cm), sendo totalmente incompatível com fungicidas sistémicos como Carbendazim, Hexaconazole, Tebuconazole e Propiconazole.

Subhashini e Padmaja (2011) isolaram microrganismos antagonistas da rizosfera de viveiros de tabaco afectados pelo amortecimento e analisaram *in vitro* a ação antagonista contra *Pythium aphanidermatum*, causador da doença do amortecimento no tabaco, através de técnicas de cultura dupla e de filtrado de cultura sem células. Verificou-se que *Aspergillus niger, A. flavus, Trichoderma viride* e *Pseudomonas fluorescens eram* potenciais antagonistas contra *P. aphanidermatum*. Entre os fungicidas testados, verificou-se que o hidroxicloreto de cobre, a mistura Bordeaux e o metalaxil+mancozebe eram compatíveis com os antagonistas.

Archana *et al.* (2012) estudaram a compatibilidade da azoxistrobina 23 SC com agentes de biocontrolo fúngicos e insecticidas em condições *in vitro* e em estufa. A uma concentração elevada de 300 ppm (azoxistrobina 23 SC), o agente de biocontrolo fúngico *T. viride* foi inibido pela azoxistrobina 23 SC a uma concentração superior a 15 ppm. Entre os quatro insecticidas testados quanto à compatibilidade, todos os insecticidas foram fisicamente compatíveis com a azoxistrobina 23 SC a 125, 250 e 500 g ai ha[1] , ao passo que o diclorvos foi biologicamente incompatível, mesmo na concentração mais baixa testada.

Singhet *al.* (2012) avaliaram sete isolados de *T. viride* que foram considerados totalmente compatíveis com mancozeb nas concentrações de 0,025, 0,05, 0,1 e 0,2 por cento.

Sumana *et al.* (2012) avaliaram *Trichoderma viride, Trichoderma harzianum* juntamente com nove fungicidas químicos como Carbendazim, Hidróxido de cobre, Propiconazole, Difenoconazole, Thiophanate methyl, Mancozeb, Tridemorph, Metalaxyl e Triadimefon. *O T. viride* e os fungicidas químicos como o Carbendazim, o Tiofanato metílico, o Mancozebe, o Difenoconazol e o Propiconazol foram capazes de inibir o crescimento micelial do agente patogénico da murchidão *em* condições *in vitro*. Os fungicidas químicos e agentes de biocontrolo eficazes foram avaliados durante 2009 a 2011 em condições *in vivo*. *T. viride* em formulações de talco controlou a doença da murchidão numa extensão de 58,46%. A formulação da torta de neem de *T. viride* foi considerada mais promissora do que a formulação de talco e afectou 60,9% de controlo em relação ao controlo. Os tratamentos com a formulação de torta de neem de T. *viride* e a formulação de talco de *T. viride* resultaram num aumento do rendimento total de folhas curadas de 34,26% e 29,97%, respetivamente.

Tapwal *et al.* **(2012)** estudaram que *o T. viride* pode desenvolver-se em diversas condições ambientais como colonizador agressivo do solo e das raízes das plantas e atuar como bioagente natural para proteger as plantas da infeção por agentes patogénicos fúngicos do solo. Foram realizadas experiências laboratoriais para testar a possibilidade de combinar fungicidas e produtos botânicos com *T. viride, a fim de determinar a* sua compatibilidade e conceber uma gestão integrada adequada das doenças das plantas transmitidas pelo solo. Foram avaliados cinco fungicidas, *nomeadamente o* dithane M-45, o ridomil, o captaf, o cobre azul e a bavistina, em diferentes concentrações. Entre os fungicidas, apenas o captaf e o cobre azul registaram uma certa compatibilidade com o *T. viride.*

Dar *et al.* **(2013)** testaram o *T. viride, T. harzianum* e fungicida químico (Carbendazim 50 WP) isoladamente ou em combinação com FYM contra o patógeno *Fusarium* wilt *(F. oxysporum* f. sp., *ciceri}* do grão-de-bico *(Cicer arietinum}.* Os resultados *in vitro* mostraram que *T. viride* e *T. harzianum* sozinhos ou em combinação inibiram significativamente o crescimento micelial do agente patogénico. Os resultados indicam que o tratamento de sementes com *T. viride* e *T. harzianum* reduziu significativamente a incidência da murchidão e aumentou a germinação das sementes em comparação com o controlo. A aplicação de bio-agentes isoladamente ou em combinação com FYM aumentou significativamente os parâmetros de crescimento das plantas, ou seja, o peso seco, o comprimento das raízes e o rendimento dos grãos. Os resultados do estudo mostram que os bio-agentes reduziram significativamente a incidência da murchidão e aumentaram a germinação das sementes e os parâmetros de crescimento das plantas, em comparação com os fungicidas químicos.

b. Compatibilidade de *Trichoderma* com insecticidas:

Madhavi *et al.* **(2008) obtiveram** dois mutantes estáveis; um de *Trichoderma viride* (TvMi) e outro de *T. harzianum* (ThMi), através de radiação gama, e testaram a sua compatibilidade com diferentes pesticidas, a fim de os enquadrar na gestão integrada de doenças para o controlo da murchidão fusarial da malagueta. Ambos os mutantes fúngicos mostraram uma elevada compatibilidade com fipronil (0,2%), imidaclopride (0,025%) e fluchloralin (0,33%). TvMi mostrou compatibilidade com oxicloreto de cobre (0,15%), fosalona (0,1%) e butacloro (0,2%) e ThMi foi compatível com fosalona (0,1%). O oxicloreto de cobre (0,3%), o dicofol (0,5%), a pendimetalina (0,66%) e o alaclor (0,4%) foram considerados altamente inibidores do crescimento radial dos mutantes TvMi e ThMi -

Kumar *et al.* (2009) avaliaram o efeito de três insecticidas comerciais Chloropyriphos 20 E.C., Monocrotophos 20 E.C., Thimet 10 G em 1000 ppm, 100 ppm, 10 ppm e 1 ppm no crescimento de *T. viride* através da técnica de alimentos envenenados. As formulações comerciais acima referidas apresentaram efeitos variáveis no crescimento do fungo, desde inibitórios ou neutros, antiesporulantes a estimulantes. O monocrotofos e doses mais baixas de cloropirifos e forato podem ser utilizados em combinação com *T. viride* na IDM de agentes patogénicos seleccionados.

Bhai e Thomas (2010) avaliaram a compatibilidade de seis insecticidas testados *in vitro* e *in vivo*. Foi registada uma inibição micelial de 55,84% com o Quinalfos. Outros insecticidas testados foram considerados não inibitórios nas respectivas doses recomendadas e estavam ao mesmo nível que o controlo, indicando assim a compatibilidade de *Trichoderma* com estes insecticidas. O estudo *in vivo* também mostrou a compatibilidade de *T. harzianum* com produtos químicos. O carbofurano, o oxicloreto de cobre e o forato foram considerados altamente compatíveis com o *T. harzianum*. Além disso, verificou-se que estes produtos contribuem para aumentar a população de *T. harzianum*.

Madhavi *et al.* (2011) testaram a compatibilidade de *T. viride* com alguns insecticidas *in vitro*. *T. viride* mostrou uma elevada compatibilidade com o inseticida imidaclopride (crescimento micelial de 7,6 cm).

Ranganathswamy *et al.* (2011) avaliaram onze insecticidas seleccionados quanto à sua compatibilidade com *Trichoderma* com base na sensibilidade *in vitro* de *T. harzianum* e *T.*

virens. As observações sobre o crescimento radial indicaram que o clorpirifos e o quinalfos eram incompatíveis com *Trichoderma* spp., apresentando uma inibição de 100 por cento do crescimento radial na concentração de campo. Enquanto o dimetoato e o endossulfão foram os menos compatíveis, mostrando mais de 70% de inibição do crescimento radial. O indoxacarbe, o carbofurão e o fipronil foram moderadamente compatíveis com uma inibição do crescimento radial na ordem dos 3-11%. Spinosad, benzoato de emamectina, tiametoxame e indoxacarbe foram considerados altamente compatíveis com inibição zero do crescimento radial de isolados de *Trichoderma* testados.

Singh *et al.* (2012) testaram a compatibilidade de diferentes insecticidas, *nomeadamente* Decis (deltametrina 2,8% CE), Ekalux CE 25 (quinalfos 25% CE), Fenval 20% CE (fenvalerato 20% CE), Hilcron 36 SL (monocrotofos 36 SL), Hildan 35 CE (endossulfão 35 CE), Hilmida (imidaclopride 17.8 SL), Marshal 25 E (carbossulfão 25% CE), Rogor 30% CE (dimetoato 30% CE), Rocket 44 CE (profenofos 40%+cipermetrina 4%) com a estirpe Vi_5 de *T. harzianum* Rifai. O crescimento micelial da estirpe Vi_5 de *T. harzianum* foi calculado na presença dos insecticidas acima referidos, utilizando separadamente os meios Potato Dextrose Broth (PDB) e SP_3 . Verificou-se que o Hilmida (imidaclopride 17,8 SL) era o mais compatível com a estirpe Vis de *T. harzianum* em ambos os meios líquidos, uma vez que apresenta uma redução percentual nula do micélio. Concluiu-se que o Decis (deltametrina 2,8% CE), o Hilcron 36 SL (monocrotofos 36 SL), o Hilmida (imidaclopride 17,8 SL) e o Rogor 30% CE (dimetoato 30% CE) são insecticidas compatíveis com o agente de biocontrolo (*T. harzianum}*, enquanto alguns insecticidas *viz*, Ekalux EC 25 (Quinalfos 25% EC), marshal 25 E (carbosulfan 25% EC) e rocket 44 EC (profenofos 40% + cipermetrina 4%) inibem o crescimento de *Trichoderma* spp.

Thiruchchelvan *et al.* (2013) avaliaram a compatibilidade de insecticidas de pulverização intensa em Jaffna, Sri Lanka, com *T. harzianum*, utilizando a técnica do alimento venenoso. Foram avaliados seis insecticidas, Admire (imidaclorprida), Asie (acefato 75% p/p), Mospilan (acetamipride 20% p/p SP), Actara 25 V.G (tiametoxame (25%) SP), Selecron (profenofos 500 g/L EC) e Coragen (clorantraniliprole) na dose recomendada. Os resultados revelaram que três insecticidas, *nomeadamente* o clorantraniliprole (85 mm MCD), o acetamipride 20% p/p (85 mm MCD) e o imidaclopride (85 mm MCD), são compatíveis com o crescimento de *T. harzianum* e que a percentagem de inibição mais elevada foi medida contra o profenofos 500 g/L EC, com 59,29% e 34,60 mm de diâmetro médio das colónias. O tiametoxame (25%) SP e o acefato 75% w/w SP também foram inibidos em 03,82% (81,75 mm MCD) e 02,41% (82,95 mm MCD), respetivamente, mas, em comparação com o profenofos, não foram significativos. *A Trichoderma* é compatível com a maioria dos produtos químicos, pelo que os agricultores comerciais podem utilizá-la na gestão integrada de doenças para proteger o ambiente, reduzir os riscos para a saúde humana e também reduzir os custos indesejados dos pesticidas.

Saravanan *et al.* (2014) avaliaram a compatibilidade de alguns agroquímicos com *T. viride* foram realizados *in vitro* pela técnica do veneno alimentar. Foram utilizados 14 insecticidas nas suas doses recomendadas e duplas recomendadas. Foi calculado o seu efeito inibitório percentual sobre o crescimento micelial de *T. viride*. Quinalfos, clorpirifos, profenofos, buprofezina, lambda-cialotrina, triazofos, tiametoxame e acetamipride foram altamente incompatíveis com *T. viride*. O forato, o imidaclopride, o fipronil, a cipermetrina, o monocrotofos, o glifosato e a deltametrina podem ser recomendados em combinação com *T. viride* em programas de gestão integrada de pragas e doenças

Tolerância e sensibilidade de *T. viride* contra pesticidas comuns no solo.

Kirtsideli, I. Yu. (2001) efectuou uma análise micológica de amostras de solo da tundra da península de Kola, Rússia, em 1997. Foi isolado um total de 67 espécies de fungos do solo. O fungo mais comum foi o *Pénicillium* (25 espécies) seguido do *Aspergillus* (4 espécies). O número médio de unidades formadoras de colónias (CFU) de micromicetas nas camadas superiores do solo foi de $59,34 \times 10^3$. As espécies mais comuns encontradas foram *Alternaria alternata, Aspergillus flavus, Chaetomium globosum, Mortierella isabellina, Mucor hiemalis, M. racemosus, Penicillium canescens, P. charlesii, P. frequentans, P. lanosum, P. purpurescens, P. soppii, P. thomii, P. verrucosum* e *T. viride*.

Rao e Divakar (2002) avaliaram o efeito de butacloro, 2,4-D e forato granular em *T. viride*. Os herbicidas foram testados a 100, 75 e 50 ppm e o inseticida a 1000, 600 e 200 ppm.

Verificou-se uma redução imediata das unidades formadoras de colónias (UFC) de *T. viride* quando o butacloro (a 100 e 75 ppm), o 2,4-D (a 100 e 75 ppm) e o forato (a 1000 e 600 ppm) foram adicionados ao solo contendo 5,3 UFC de *T. viride*. No entanto, o tratamento com 50 ppm de butacloro resultou no aumento das UFC de *T. viride* 24 h após o tratamento. Os resultados sugerem que os produtos químicos utilizados afectaram negativamente o crescimento de *T. viride*.

Khan (2007) investigou o efeito de alguns pesticidas seleccionados (cada um a 0, 500, 1000 e 2000 ppm), *ou seja,* malatião, 2,4-D e Sixer (carbendazim+mancozebe), na população de micofloras do solo (incluindo *Aspergillus niger, A. flavus, A. ustus, A. fumigarus, Mycelia sterilia, Mucor* sp. e *Trichoderma* sp.). Sixer mostrou a redução máxima no número de colónias de fungos em relação ao controlo em todas as concentrações, com o menor número de colónias a 2000 ppm. A redução máxima foi registada no 6° dia de tratamento do solo. No entanto, alguns fungos recuperaram no 9° dia a 500 e 1000 ppm. O malatião e o 2,4-D não apresentaram qualquer resultado significativo em relação ao controlo. *A. niger, A. flavus* e *Trichoderma* sp. eram comuns e dominantes nos solos tratados com os três pesticidas. *Mucor* sp. pôde ser isolado do solo tratado com Sixer. *M. sterilia* estava ausente no solo tratado com Sixer, mas não foi afetado pelo tratamento com 2, 4-D e malatião.

Bhai e Thomas (2010) avaliaram a compatibilidade de agroquímicos comummente utilizados nas dosagens recomendadas com *T. harzianum*, que está a ser utilizado como agente de biocontrolo contra doenças da cápsula e da podridão do rizoma do cardamomo causadas por *Phytophthora* mead e *Pythlum vexans,* respetivamente. Foram testados *in vitro* e *in vivo* três fungicidas e seis insecticidas comummente utilizados. A percentagem de inibição micelial foi registada com a calda bordalesa a 1%, seguida do Quinalfos (55,84%). Outros fungicidas e insecticidas testados foram considerados não inibitórios nas respectivas dosagens recomendadas e estavam ao mesmo nível que o controlo, indicando assim a compatibilidade de *Trichoderma* com estes fungicidas e insecticidas. O estudo *in vivo* também mostrou a compatibilidade de *T. harzianum* com produtos químicos. O carbofurano, o oxicloreto de cobre e o forato foram considerados altamente compatíveis com o *T. harzianum*. Além disso, verificou-se que estes produtos contribuem para aumentar a população de *T. harzianum*.

Kumar *et al.* **(2011)** determinaram a eficácia comparativa de agentes de biocontrolo nativos, nomeadamente o isolado PS-4 de *Pseudomonas fluorescens*, o isolado TH-H-3 de *T. harzianum* e o isolado TV-K-3 de *T. virens* @ $5\text{x}10^8$ cfu/g talco; aditivos orgânicos, *nomeadamente* pó de semente de nim @ 250 mg/kg de solo e esterco de curral @ 1500 mg/kg de solo; carbofuran @ 33,4 mg/kg de solo, topsin-M @ 1,4 mg/kg de solo e bavistin @ 2,0 mg/kg de solo contra *R. solani* @ 1,5 g de tapete micelial/kg de solo em tomate cv. K-25 em condições de vaso. Todos os tratamentos aumentaram significativamente o crescimento da planta, a produção de frutos e diminuíram a infeção da raiz pelo *R. solani* no tomate em comparação com plantas inoculadas sem tratamento. O maior peso seco da planta (46,2 g) e a maior produção de frutos (213,0 g) foram obtidos em plantas tratadas com *T. harzianum*, seguidas de bavistina, *P. fluorescens,* topsin-M, *T. virens,* pó de semente de nim, carbofurano e estrume de curral, respetivamente. A maior redução na infeção da raiz pelo fungo (5,0%) foi encontrada em plantas tratadas com *T. harzianum*, seguida por bavistin, *P. fluorescens,* topsin-M, *T. virens, pó de semente de nim*, carbofuran e esterco de curral, respetivamente.

Capítulo III

Materiais e métodos

A presente investigação sobre *Trichoderma viride*, com referências especiais ao isolamento de *T. viride* e *Rhizoctonia solani,* caraterização, eficácia com *R. solani,* avaliação da tolerância e sensibilidade de *T. viride* contra pesticidas comuns in *vitro* e *in vivo*, foi efectuada no laboratório, estufa do Departamento de Patologia Vegetal da Universidade de Agricultura e Tecnologia Narendra Deva, Kumarganj, Faizabad (U.P.), Índia. As experiências efectuadas e os materiais e metodologias utilizados são descritos a seguir.

1. Isolamento e purificação do *Trichoderma viride"*.

Amostras de solo recolhidas de vários solos da rizosfera de campos de ervilha-de-angola infectados de diferentes locais da Quinta de Genética e Criação de Plantas da Universidade de Agricultura e Tecnologia Narendra Deva, Kumarganj, Faizabad, (U.P.). *O Trichoderma* spp. foi isolado a partir de amostras de solo colhidas em meio de ágar batata dextrose, seguindo a técnica de diluição em série em placas **(Johnson e Crul, 1972).** Dez gramas de amostra de solo bem pulverizado e seco ao ar foram adicionados a 90 ml de água estéril num frasco para fazer uma diluição de 1:10 (lO'^. A mistura foi vigorosamente agitada durante 20-30 minutos para obter uma suspensão uniforme. Transferiu-se um ml da suspensão do frasco para um tubo de ensaio contendo 9 ml de água estéril, em condições assépticas, para efetuar uma diluição 1:100 ($10'^2$). Foi efectuada uma diluição adicional de $10'^3$ pipetando 1 ml de suspensão para água adicional, tal como preparado acima. Um ml de líquido de suspensão da diluição $10'^3$ foi transferido para 10 placas de Petri estéreis, que foram previamente vertidas com 15 ml de meio PDA estéril e espalhadas uniformemente. As placas de Petri foram incubadas a 26 ± 2^0 C durante 7 dias na incubadora. Assim que o crescimento micelial foi visível no meio de cultura PDA, as pontas das hifas do micélio em avanço foram cortadas e transferidas para as placas de cultura contendo meio PDA para posterior purificação e identificação de *Trichoderma.* A cultura pura de *Trichoderma* spp. foi obtida através da adoção da técnica de esporo único. O fungo purificado foi então confirmado como *Trichoderma viride.* Esta espécie foi utilizada para estudos posteriores.

1.1 Identificação de *T. viride"*.

A *T. viride* foi identificada com base nos seus caracteres culturais e morfológicos, como indicado abaixo:

1.2 Caracteres de colónia e de crescimento:

Os caracteres culturais e morfológicos do fungo foram registados em meio PDA após 5-6 dias de incubação. A cor e o tipo de micélio foram observados com a ajuda de um microscópio.

1.3 Caracteres miceliais:

A cor, a septação e o padrão de ramificação do micélio foram registados microscopicamente.

2. Isolamento de *Rhizoctonia solani"*.

A cultura de *R. solani* Kühn utilizada na presente investigação foi isolada das plantas doentes de arroz (cultivar Jaya) que foram recolhidas na quinta de genética e melhoramento de plantas da Universidade de Agricultura e Tecnologia Narendra Deva, Kumarganj, Faizabad, (U.P) Índia.

Para o isolamento do organismo causal, foram cortados, com a ajuda de uma lâmina esterilizada, pequenos pedaços de folhas doentes que apresentavam sintomas típicos, juntamente com tecidos saudáveis. Estes pedaços foram lavados cuidadosamente com água da torneira e colocados numa solução de cloreto de mercúrio a 0,1 por cento, seguida de três lavagens com água esterilizada. O excesso de água foi removido colocando-o sobre as dobras de papel absorvente esterilizado. Os pedaços secos foram transferidos assepticamente para placas de Petri contendo meio de ágar dextrose de batata com a ajuda de uma pinça esterilizada. As placas de Petri foram devidamente marcadas com um marcador de vidro e incubadas a 26 ± 2^{0} C numa incubadora B.O.D.

2.3 Cultura pura do agente patogénico:

A purificação do agente patogénico *(R. solani)* foi efectuada utilizando o método da ponta de hifa. A suspensão aquosa da ponta de hifa (1,0 ml) foi vertida assepticamente sobre placas de Petri de ágar simples (2%) fundido, mas ainda quente, para formar uma camada muito fina. O crescimento do fungo foi permitido em ágar simples durante 24-48 horas e observado criticamente ao microscópio. As áreas com pontas de hifas são marcadas com um lápis de vidro na parte de trás da placa de Petri. As pontas de hifas, juntamente com o meio, são retiradas e transferidas para placas para obter uma cultura de pontas de hifas simples. Após o crescimento adequado do fungo obtido através da ponta de hifa, foram efectuadas subculturas regulares para verificar a contaminação com um intervalo de 15 dias. Estes slants de PDA com *R. solani* foram mantidos no frigorífico a uma temperatura de 6 a 8^0 C para estudos posteriores.

2.4 Identificação do fungo:

A *R. solani* foi identificada com base nos seus caracteres culturais e morfológicos, como indicado abaixo:

2.4.1 Caracteres de colónia e de crescimento:

Os caracteres culturais e morfológicos do fungo foram registados em meio PDA após 5-6 dias de incubação. A cor e o tipo de micélio foram observados com a ajuda de um microscópio.

2.4.2 Caracteres miceliais:

A cor, a septação e o padrão de ramificação do micélio foram registados microscopicamente.

2.4.3 Caracteres esclerociais:

A cor, a forma e o tamanho dos esclerócios foram observados aos 5-6 dias de incubação.

2.5 Patogenicidade/Postulado de Koch:

O teste de patogenicidade foi efectuado pelo método de inoculação artificial. Para o efeito, foram mantidas pelo menos três plantas de arroz por vaso (5 kg de capacidade) em três repetições. A fase esclerótica branca e leitosa dos esclerócios leitosos foi colocada dentro da bainha ou das plantas de arroz e envolvida com algodão absorvente húmido para fornecer humidade contínua à cultura e às plantas. O processo foi efectuado tanto na cultura como nas plantas. O processo foi feito no mês de agosto e, se não houvesse chuva, o invólucro de algodão era regularmente molhado para fornecer humidade constante no local de inoculação. Após três ou quatro dias, apareceram os sintomas típicos do míldio da bainha. O reisolamento de *R. solani* a partir de plantas de arroz inoculadas confirma a presença de *R. solani* de acordo com o postulado de Koch.

3. Meios de cultura

3.1 Preparação do ágar dextrose de batata:

Para o presente estudo, foi preparado e esterilizado um meio PDA com a seguinte composição. As batatas descascadas foram cortadas em cubos de 12 mm. Duzentos gramas de cubos de batata foram lavados em água e fervidos durante 20 minutos em 500 ml de água. O caldo de batata foi filtrado através de um pano de queijo e guardado numa proveta graduada. O ágar foi derretido em 500 ml de água por aquecimento e adicionado ao caldo de batata. Adicionou-se dextrose. O volume final foi aumentado para 1000 ml através da adição de água destilada. O pH foi ajustado para 7,0. O PDA foi vertido em tubos de ensaio para a preparação do PDA slant e também em frascos. Em seguida, estes foram esterilizados a 15 psi durante 20 minutos numa autoclave.

Composition:

Peeled potato slices	200.00g
Dextrose	20.00 g
Agar-agar powder	20.00 g
Distilled water	1000 ml

3.2 Preparação do caldo de dextrose de batata

As batatas descascadas foram cortadas em cubos de 12 mm. Duzentos gramas de cubos de batata foram lavados em água e fervidos durante 20 minutos em 500 ml de água. O caldo de batata foi filtrado através de um pano de queijo e guardado numa proveta graduada. Adicionou-se-lhe dextrose. O volume final foi aumentado para 1000 ml através da adição de água destilada. O pH foi ajustado para 7,0. Verteu-se o PDA em tubos de ensaio para a preparação do PDA slant e também em frascos. Em seguida, estes foram esterilizados a 15 psi durante 20 minutos numa autoclave.

Composition	
Peeled potato	200.00 g
Dextrose	20.00 g
Distilled water	1000.00 ml

3.3 Composição de outros meios (líquidos e sólidos) utilizados para isolar e enumerar fungos do solo.

3.3.1 Rosa de Bengala

Composition	
Dextrose	10.00 g
Magnesium sulphate ($MgSO_4.7H_2O$)	30.00 g
Potassium dihydrogen phosphate (KH_2PO_4)	1.50 g
Agar	20.00 g
Rose Bengal	30.00 mg
Distilled water	1000 ml

3.3.2 Meio de Czapek (Dox) (utilizado para cultivar fungos)

Composition	
Sucrose	30.00 g
Agar	20.00 g
Sodium nitrate ($NaNO_3$)	2.00 g
Potassium dihydrogen phosphate (KH_2PO_4)	1.00 g
Magnesium sulphate ($MgSO_4.7H_2O$)	0.50 g
Ferrous sulphate ($FeSO_4$)	0.01 g
Potassium chloride (KCl)	0.50 g
Distilled water	1000 ml

Nota: Se for utilizada água destilada em vidro, adicionar 1 ml de 1% de $ZnSO_4$ e 0,5% de

CuSO$_4$. Aquecer a solução química completa sem sacarose num banho de água durante 15 minutos.

4. Caracterização de *Trichoderma viride*

4.1 Caracterização microscópica e visual de *Trichoderma viride* A caraterização de *T. viride* foi efectuada por observações microscópicas e visuais.

4.2 Estudo de meios sólidos:

Os estudos foram efectuados para determinar a taxa de crescimento do bioagente identificado *T. viride* em três meios sólidos, incluindo ágar batata dextrose, ágar rosa de Bengala e ágar Czapek (Dox). 20 ml de cada meio sólido esterilizado foram vertidos em placas de Petri esterilizadas de 90 mm. As placas foram inoculadas com pedaços de inóculo de 5 mm de diâmetro, cortados com a ajuda de uma broca de cortiça esterilizada de culturas com sete dias de idade, em três repetições. As placas foram incubadas a 26±2^0 C durante 7 dias. Após uma incubação de 4 dias, o crescimento do bio-agente foi registado em duas direcções regularmente até aos 7 dias e, em seguida, foi feita a média para cálculo e interpretação estatística.

3.2 Estudo de meios líquidos:

Os estudos foram efectuados para determinar a quantidade de tapete micelial produzido pelo bio-agente identificado *T. viride* em três meios líquidos, incluindo dextrose de batata, Rosa Bengala e Czapek's (Dox). Foram vertidos 50 ml de cada meio líquido em frascos cónicos de 150 ml em três repetições e esterilizados num autoclave a 15 psi durante 20 minutos. Os frascos foram inoculados com um pedaço cortado de 5 mm da cultura do fungo *T. viride* e foram colocados no centro de cada frasco com a ajuda de uma broca de cortiça esterilizada de culturas com sete dias de idade e colocados na incubadora durante 10 dias a 26±2^0 C. Durante o período de incubação, o conteúdo dos frascos foi filtrado separadamente em papel de filtro Whatman n.º 4. O tapete micelial no papel de filtro foi lavado cuidadosamente com água destilada e depois seco a 6O° C durante 72 horas, sendo depois arrefecido num exsicador e pesado numa balança eletrónica. O peso micelial seco médio de 3 réplicas do bio-agente foi tomado como valor padrão para comparação do crescimento sob diferentes tratamentos.

4. Eficácia de *T. viride* contra *Rhizoctonia solani.*

A eficácia de *T. viride* contra *R. solani* foi avaliada utilizando a técnica de cultura dupla, medindo o crescimento radial de *R. solani*, bem como o de *T. viride.*

Deitaram-se assepticamente 20 ml de PDA derretido e esterilizado em placas de Petri esterilizadas (90 mm de diâmetro) e deixou-se solidificar. Discos de cinco mm de *T. viride* e *R. solani* foram cortados com a ajuda de uma broca de cortiça esterilizada a partir de uma cultura com sete dias de idade e foram colocados em placas de Petri com PDA solidificado, de forma a ficarem opostos uns aos outros, com 60 mm de distância, em quatro repetições. No controlo, as placas de Petri foram inoculadas apenas com fragmentos de *R. solani*. Estas placas de Petri foram mantidas numa incubadora B.O.D. a 26 ±2^0 C.

Foram registadas observações sobre o crescimento das colónias dos bioagentes e de *R. solani* às 72 horas em cultura dupla, bem como do controlo. A percentagem de inibição do crescimento de *R. solani* foi calculada da seguinte forma

$$\text{Per cent growth inhibition} = \frac{A1 - A2}{A1} \times 100$$

Onde,

A$_1$ = Área coberta pela *R. solani* no controlo.

A$_2$ = Área coberta por *R. solani* em cultura dupla.

5. Avaliação da tolerância e sensibilidade de *T. viride* contra pesticidas comuns in *vitro.*

Os pesticidas foram seleccionados para estes estudos com base na sua utilização regular na produção agrícola. Os fungicidas e insecticidas utilizados e as informações sobre os produtos constam do quadro 1. A tolerância aos pesticidas de *T. viride* foi avaliada utilizando a técnica do alimento envenenado. Os fungicidas *viz,* mancozeb 75% WP (1500, 2000, 2500, 3000 e 3500 ppm), hexaconazole 5% SC (50, 100, 200, 300, 400, 500 e 600 ppm), propiconazole 25% EC (50, 100, 200, 300, 400, 500 e 600 ppm), Crossman (carbendazim 12% + mancozeb 63% WP; 50, 100, 500, 700 e 1000 ppm), carbendazim 50% WP (10, 50, 100, 200, 300, 400, 500, 600, 700, 800, 900 e 1000 ppm) e insecticidas *viz.,* acetamipride 20% SP (50, 100 e 200 ppm), thimethoxam 25% WG (100, 200 e 300 ppm), acefato 75% SP (500, 1000 e 1500 ppm) e fipronil 5% SC (1500, 2000 e 2500 ppm). As concentrações de pesticidas foram seleccionadas com base na dose recomendada **(Hug *et al.,* 2007).** As quantidades determinadas de pesticidas foram adicionadas ao meio PDA esterilizado e arrefecido. Os frascos foram cuidadosamente tomados para obter uma mistura uniforme dos pesticidas em condições assépticas antes de os deitar nas placas de Petri.

Foram deitados 20 ml de meio em cada placa de Petri. Foram efectuados vários tratamentos com pesticidas diferentes, com quatro repetições. O tratamento de controlo foi mantido deitando o meio PDA sem pesticidas. Discos de cinco mm de uma cultura de *T. viride* *com* 3 dias de idade foram cortados com uma broca de cortiça esterilizada e colocados no centro das placas de Petri com pesticidas. As placas de Petri com apenas PDA foram incubadas a 26 ± 2^0 C. A observação foi registada no crescimento radial às 72 horas de incubação nas placas de Petri com pesticidas e no controlo.

A percentagem de inibição do crescimento foi calculada utilizando a fórmula **(Vincent, 1947).**

$$I = \frac{C-T}{C} \times 100$$

Onde

I=Percentagem	de inibição do crescimento fúngico
C=Crescimento	radial do controlo
T=Crescimento	radial das placas de Petri tratadas

7. Avaliação da tolerância e sensibilidade de *T. viride* contra pesticidas comuns no solo.

Todos os pesticidas foram testados na dose recomendada em condições *in vivo*, utilizando a técnica de cultura em vaso para estudar o efeito inibitório destes pesticidas no número de UFC de *T. viride*. Quantidades de pesticidas (mancozeb 0,2%, carbendazim 0,1%, macoban 0,075%, hexaconazole 0,05%, monocrotophos 0,075%, thiamethoxam 0,02%, acetamiprid 0,01%, fipronol 0,02% e acephate 0,06%) foram adicionadas ao solo esterilizado no vaso @100 ml/vaso. Dois quilos de solo esterilizado foram colocados em cada vaso. Foram efectuados vários tratamentos com diferentes pesticidas, com três repetições. O tratamento de controlo foi mantido enchendo o solo esterilizado e o inóculo de *T. viride* num vaso sem pesticidas. *T. viride* inoculado a 20g/vaso. As UFC de *T. viride* são conhecidas pela técnica de diluição em série em placa.

Quadro-1: Lista de pesticidas

S. No.	Pesticides	Manufactured	Trade name
FUNGICIDES			
1.	Carbendazim 50% WP	BASF	Bavistin
2.	Mancozeb 75% WP	Makhteshim Agan India Pri. Ltd.	Macoban
3.	Carbendazim 12%+ 63% WP Mancozeb	Shivalik Agro Chemicals, J&K (India)	Crossman
4.	Propiconazole 25% EC	Makhteshim Agan India Pri. Ltd.	Bumper
5.	Hexaconazole 5% EC	Makhteshim Agan India Pri. Ltd.	Mainex
INSECTICIDES			
6.	Acephate 75% SP	Makhteshim Agan India Pri. Ltd.	Aceman
7.	Acetamiprid 20% SP	Makhteshim Agan India Pri. Ltd.	Harrier
8.	Thiamethoxam 25%WG	Makhteshim Agan India Pri. Ltd.	Suckgan
9.	Fipronil 5% SC	Makhteshim Agan India Pri. Ltd.	Agadi SC
10.	Monocrotophos 36%SL	Makhteshim Agan India Pri. Ltd.	Monomain
11.	Chlorpyriphos 20% EC	Makhteshim Agan India Pri. Ltd.	Premain

Preparação do inóculo de *T. viride*:

Os grãos de sorgo foram utilizados como substrato sólido para a produção em massa de *T. viride*. Os grãos de sorgo foram embebidos em água da torneira durante duas horas e o excesso de água foi drenado (humidade 40% p/v). Os grãos húmidos foram colocados em sacos de polipropileno autoclaváveis (250 g) e autoclavados duas vezes a 15 psi durante meia hora. Os sacos foram deixados arrefecer até à temperatura ambiente e inoculados com uma suspensão de esporos de *T. viride* preparada através da colheita dos esporos de uma cultura com uma semana de idade em água destilada estéril. Cinco ml (cfu 10^8 esporos / ml) de suspensão de esporos foram injetados em sacos autoclavados com a ajuda de uma seringa esterilizada. Estes sacos foram incubados a 26 ±2°C durante duas semanas. Após duas semanas, os grãos colonizados por *T. viride* foram secos e moídos até se tornarem pó fino num moinho com temperatura controlada. A unidade formadora de colónias (ufc) do produto seco foi calculada pela seguinte fórmula:

$$cfu = \frac{Number\ of\ colony \times Reciprocal\ of\ dilution}{Volume\ of\ Sample\ used} \times 100$$

Capítulo IV

Resultados experimentais

O trabalho experimental foi efectuado no laboratório do Departamento de Patologia Vegetal, Narendra Deva University of Agriculture & Technology, Narendra Nagar, Kumarganj, Faizabad, Uttar Pradesh. Os resultados experimentais baseiam-se nos dados registados no decurso da presente investigação intitulada **"Estudos sobre a compatibilidade e a sensibilidade de *Trichoderma viride* contra pesticidas comuns".**

Isolamento de *Trichoderma viride*

As amostras de solo foram colhidas em diferentes campos de feijão-frade infectados da Genetics and Plant Breeding Farm do NDUA&T., Kumarganj, Faizabad, Uttar Pradesh. Os fungos foram isolados e purificados pelos métodos de diluição em série descritos em Material e Métodos e foram mantidos em PDA. Os fungos isolados foram identificados como *Trichoderma viride*. Os resultados são apresentados aqui em -

Caracterização de *Trichoderma viride*

- De crescimento rápido, a superfície da colónia é lisa, tornando-se peluda e de cor verde escura.
- Micélio hialino, liso, septado e muito ramificado.
- Clamidósporos intercalares, globosos, raramente elipsoidais e com 10-15 pm de diâmetro.
- Os conidióforos surgem em tufos compactos ou soltos, os ramos principais produzem vários ramos laterais em grupos de 2-3, todos os ramos ficam em ângulos largos.
- Fialides - Em falsos verticilos por baixo de cada fialide terminal, geralmente mais de 22,3 fialides. 8-15 x 2-3 pm de tamanho, curvos, em forma de alfinete
  mais estreito na base, alargando acima do meio, atenuado num longo pescoço.
- Fialosporos globosos ou obovóides curtos, largamente elipsoidais, com a base semelhante a um apículo distante, minúsculos, com aspereza na parede, de 3,5-4,5 pm de tamanho, acumulados na ponta de cada fialóide, verde pálido, lisos.

Crescimento em meios de cultura:

O meio de cultura é um parâmetro importante para o crescimento do bioagente. Os meios foram preparados seguindo os passos descritos em Materiais e Métodos. O bioagente foi cultivado em meios sólidos e líquidos para estudar o crescimento, a esporulação e as características culturais do organismo, a fim de descobrir o meio mais adequado. Todos os meios de cultura foram esterilizados em autoclave a 5 psi durante 20 minutos. O material de vidro foi limpo com ácido crómico (dicromato de potássio 60 gm, ácido sulfúrico 60 ml e água destilada 100 ml) e devidamente lavado 2-3 vezes com água destilada.

Crescimento em meios sólidos:

Os estudos foram efectuados para determinar o crescimento do bio-agente identificado *T. viride*. O bioagente foi cultivado *in vitro* em três meios sólidos, incluindo ágar dextrose de batata, ágar rosa de Bengala e ágar de Czapek (Dox) em três repetições. O crescimento radial foi observado e registado. Os dados são apresentados no quadro 1 e na fig. 1.

Tabela-1: Crescimento de *T. viride* em diferentes meios sólidos

Media	Radial growth (mm)
PDA	90.00
Rose Bengal Agar	72.67
Cazapeks	10.00
SEM ±	1.26
CD at 5%	4.37

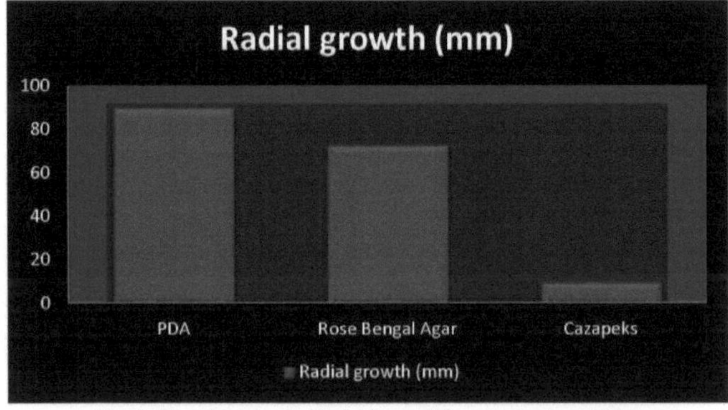

Fig.-l: Crescimento de *T. viride* em diferentes meios sólidos

É evidente a partir do Quadro 1 e da fig. 1 que o crescimento radial máximo do *T. viride* foi registado no meio Potato Dextrose Agar (90,00 mm) seguido do meio Rose Bengal Agar (72,67 mm) e do meio Czapek's Dox (10,00 mm) às 72 horas.

Crescimento em meios líquidos:

Os estudos foram efectuados para determinar a quantidade de tapete micelial produzido pelo bio-agente identificado *T. viride* em três meios líquidos, incluindo caldo de dextrose de batata (PDB), Rose Bengal e Czapek's Dox. O peso micelial seco médio de 3 réplicas do bioagente foi tomado como valor padrão para comparação do crescimento sob diferentes tratamentos. O crescimento micelial foi observado e registado. Os dados são apresentados no quadro 2 e na figura 2.

Tabela-2: Crescimento de *T. viride* em diferentes meios líquidos

Media	Mycelial dry weight (mg)
PDB	177.33
Rose Bengal Broth	165.33
Cazapeks	27.33
SEM±	1.11
CD at 5%	3.83

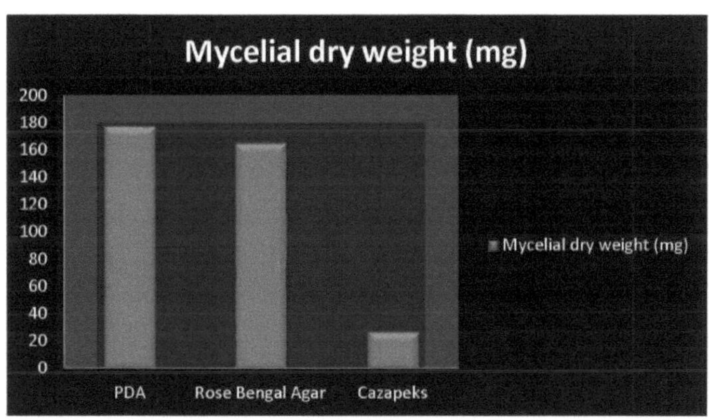

Fig.-2: Crescimento de *T. viride* em diferentes meios líquidos

É evidente a partir do quadro 2 e da fig. 2 que o peso micelial mais elevado foi registado em caldo de Dextrose de Batata (177,33 mg) seguido de caldo Rosa de Bengala (165,33 mg) e Czapek's (Dox) (27,33 mg).

Eficácia de *Trichoderma viride* contra *Rhizoctonia solani*.

A eficácia de *T. viride* foi testada quanto ao crescimento micelial e à percentagem de inibição de *R. solani* utilizando a técnica de cultura dupla às 72 horas de incubação. O quadro 3, a placa 2 e a fig. 3 indicam que o crescimento radial de *R. solani* foi inibido por *T. viride* (28,20 mm) em comparação com o controlo (90,00 mm).

Tabela-3: Eficácia de *T. viride* contra o crescimento micelial e por cento de inibição de *R. solani* após 72 horas

Treatment	Radial growth (mm)	Inhibition (%)
Trichoderma viride	28.20	68.67
Control	90.00	-

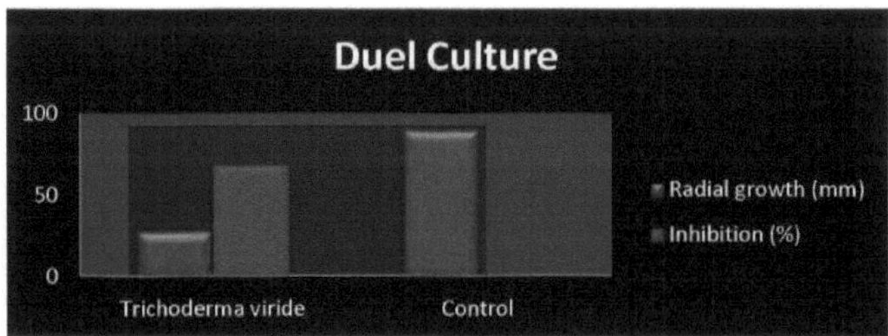

Fig.-3: Eficácia de *T. viride* contra o crescimento micelial e a inibição percentual de *R. solani* após 72 horas

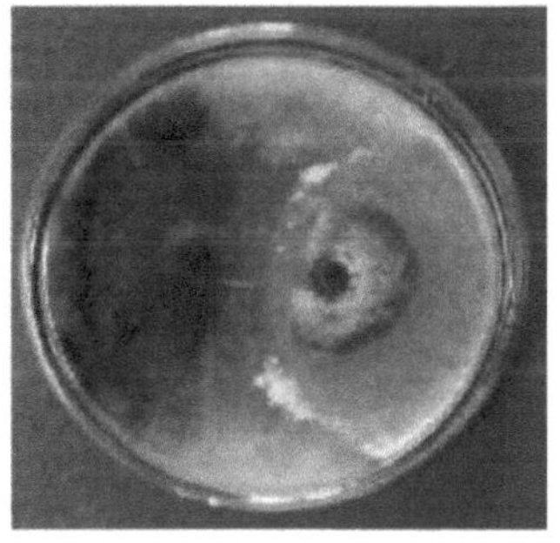 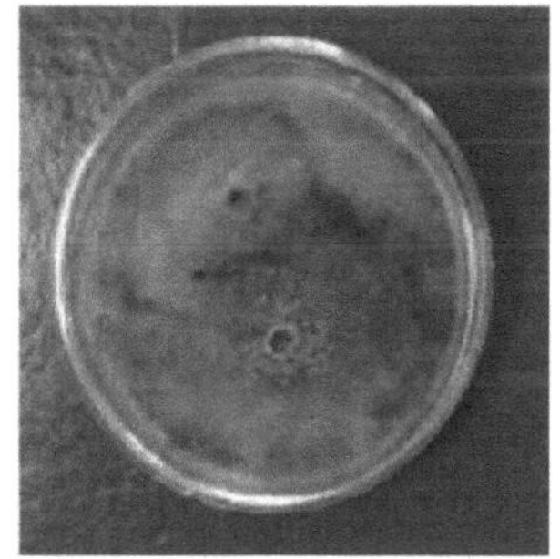

Inibição de *Rhizoctonia solani*
por *T. viride*
Placa:2 Eficácia de *T. viride* com *R. solani*

Eficácia *in vitro* de pesticidas contra *Trichoderma viride".*

Cinco fungicidas e quatro insecticidas foram testados em diferentes concentrações (ppm) em condições *in vitro*, utilizando a técnica do veneno alimentar para estudar o efeito inibitório destes pesticidas no crescimento micelial de *Trichoderma viride*. Cada tratamento foi significativamente superior ao controlo.

(A). FUNGICIDAS

Efeito *in vitro* do mancozeb 75% WP no crescimento radial de *T. viride* às 72 horas.

O mancozebe é um fungicida de largo espetro, não sistémico, com ação protetora. O mancozebe foi avaliado *in vitro* contra o *T. viride* através da técnica do veneno alimentar a concentrações de 1500, 2000, 2500 e 3000 ppm após 72 horas de incubação.

Os dados apresentados no quadro 4, na placa 3 e na fig. 4 indicam que o crescimento radial mínimo (16,66 mm) e a percentagem máxima de inibição (81,48%) foram registados na concentração de 3500 ppm, seguida de 3000 ppm (23,66 mm, 73,71%), 2500 ppm (50,33 mm, 44,07%), 2000 ppm (61,66 mm, 31,48%) e 1500 ppm (71,66 mm, 20,37%), respetivamente, em comparação com o controlo. O mencozeb é moderadamente compatível com *T. viride* na dose recomendada. Cada tratamento variou de forma invariável e significativa.

Tabela-4: Efeito *in vitro* do mancozebe em diferentes concentrações contra *T. viride* no crescimento micelial às 72 horas

Concentrations (ppm)	Radial growth (mm)	Inhibition (%)
1500	71.66	20.37
2000	61.66	31.48
2500	50.33	44.07
3000	23.66	73.71
3500	16.66	81.48
Check	90.00	-
SEM ±	0.77	-
CD at 5%	2.37	-

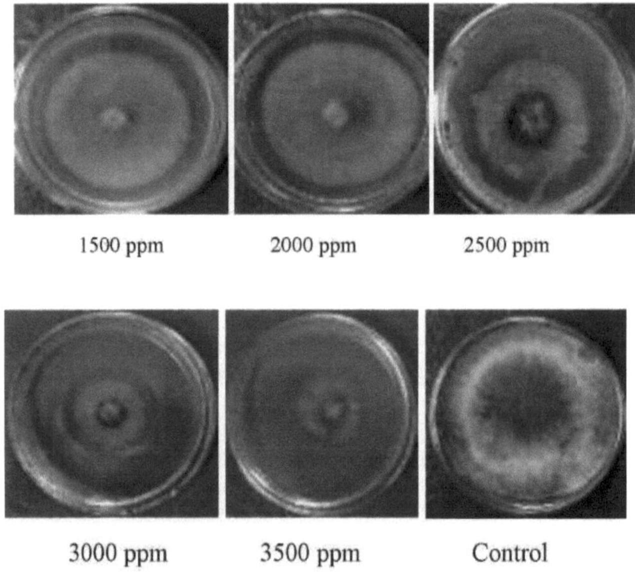

Placa: 3 Inibição do crescimento micelial pelo mancozebe

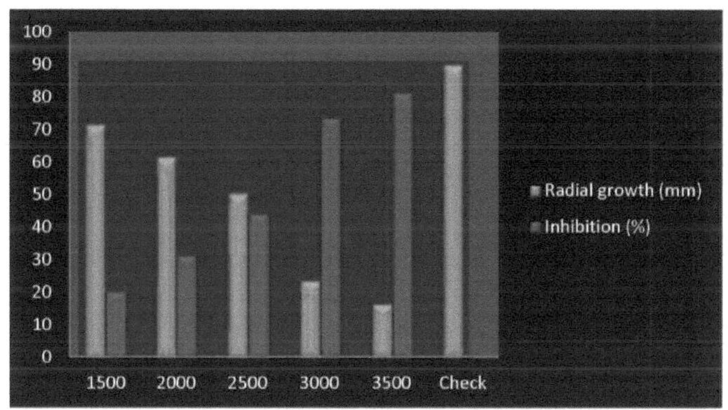

Fig.-4: Efeito *in vitro* do mancozebe em diferentes concentrações contra *T. viride* no crescimento micelial às 72 horas

Efeito *in vitro* do hexaconazol 5EC no crescimento radial de *T. viride* às 72 horas.

O hexaconazol é um fungicida sistémico com ação protetora e curativa. O hexaconazol foi avaliado *in vitro* contra o *T. viride* através da técnica do veneno alimentar a 50, 100, 200, 300, 400, 500 e 600 ppm de concentração após 72 horas de incubação.

Os dados apresentados no quadro 5, na placa 7 e na fig. 5 indicam que o mínimo de

50 ppm   100 ppm   200 ppm   Control

Placa:7 Inibição do crescimento micelial pelo hexaconazol O crescimento radial (05,66 mm) com 93,71% de inibição foi registado na concentração de 100 ppm seguida de 50 ppm (12,00 mm, 86,66%) respetivamente em comparação com o controlo. No entanto, não foi registado qualquer crescimento micelial a 200 ppm ou a concentrações superiores. Cada tratamento variou de forma invariável e significativa.

Tabela-5: Efeito *in vitro* do hexaconazol em diferentes concentrações contra *T. viride* no crescimento micelial em 72 horas

Concentrations (ppm)	Radial growth (mm)	Inhibition (%)
50	12.00	086.66
100	05.66	093.71
200	00.00	100.00
300	00.00	100.00
400	00.00	100.00
500	00.00	100.00
600	00.00	100.00
Check	90.00	-
SEM ±	0.47	-
CD at 5%	6.07	-

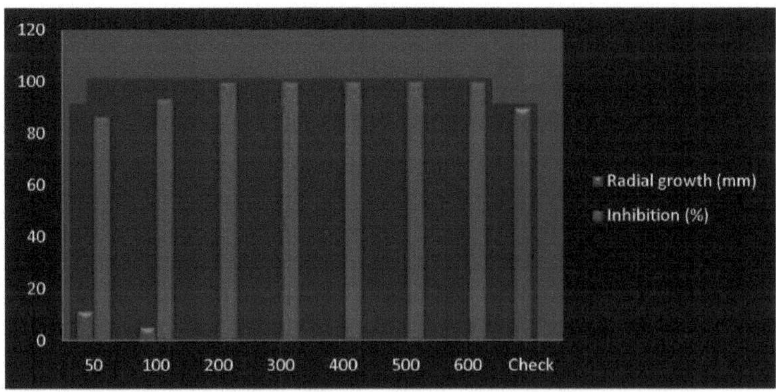

Fig.-5: Efeito *in vitro* do hexaconazol em diferentes concentrações contra *T. viride* no crescimento micelial às 72 horas

Efeito *in vitro* do propiconazol 25% CE no crescimento radial de *T. viride* às 72 horas.

O propiconazol é um fungicida foliar sistémico do grupo dos triazóis com ação protetora e curativa. O propiconazol foi avaliado *in vitro* contra *T. viride* pela técnica do veneno alimentar nas concentrações de 50, 100, 200, 300, 400, 500 e 600 ppm após 72 horas de incubação.

Os dados apresentados no quadro 6 e na placa 6 indicam que o crescimento radial mínimo (6,33 mm) com 92,96% de inibição foi registado na concentração de 300 ppm, seguido de 200 ppm (65,93%), 100 ppm (18,15%) e 50 ppm (12,22%), respetivamente, em comparação com o controlo (fig. 6). No entanto, não foi registado qualquer crescimento micelial a 400 ppm ou mais. O propiconazol não é compatível com a dose recomendada. Cada tratamento variou de forma invariável e significativa.

Tabela-6: Efeito *in vitro* do propiconazol em diferentes concentrações contra *T. viride* no crescimento micelial às 72 horas

Concentrations (ppm)	Radial growth (mm)	Inhibition (%)
50	79.00	012.22
100	73.66	018.15
200	30.66	065.93
300	06.33	092.96
400	00.00	100.00
500	00.00	100.00
600	00.00	100.00
Check	90.00	-
SEM ±	0.50	-
CD at 5%	1.50	-

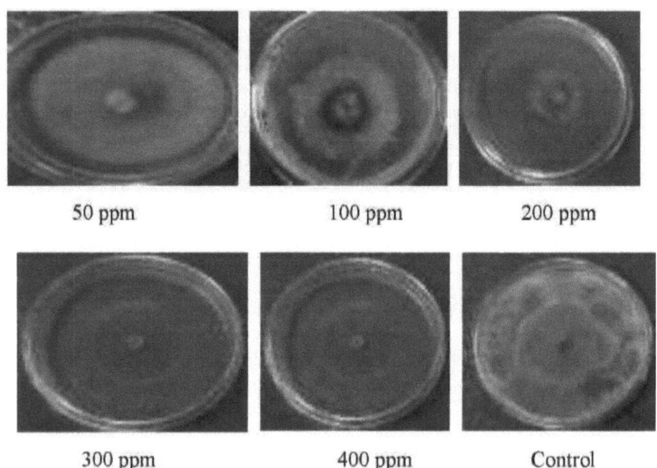

riare:o innioinon oi mycenai growrn oy propiconazoie

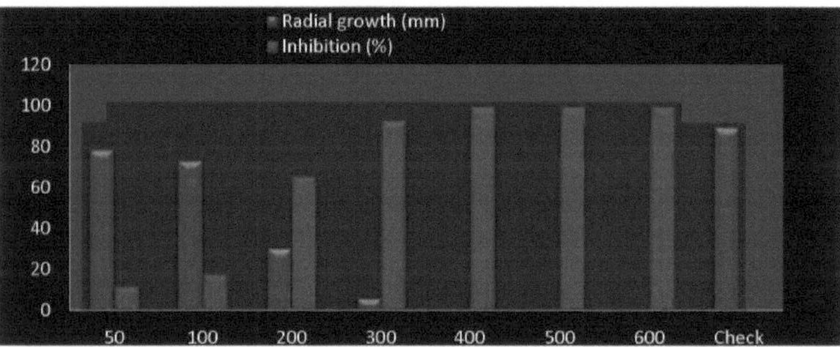

Fig.-6: Efeito *in vitro* do propiconazol em diferentes concentrações contra *T. viride* no crescimento micelial às 72 horas

Efeito *in vitro* do crossman no crescimento radial de *T. viride* às 72 horas.

Crossman foram avaliados *in vitro* contra *T. viride* pela técnica do veneno alimentar nas concentrações de 50, 100, 200, 500,700 e 1000 ppm após 72 horas de incubação.

Os dados apresentados na tabela 7 e na placa 4 indicam que o crescimento radial mínimo (9,33 mm) com 89,63% de inibição a 50 ppm de concentração em comparação com o controlo (fig. 7). No entanto, não foi registado qualquer crescimento micelial a 100 ppm ou mais.

Crossman não é compatível com a dose recomendada. Registaram-se diferenças significativas entre todos os tratamentos.

Tabela-7: Efeito *in vitro* do crossman em diferentes concentrações contra *T. viride* no crescimento micelial às 72 horas

Concentrations (ppm)	Radial growth (mm)	Inhibition (%)
0	09.33	89.63
100	00.00	100.00
500	00.00	100.00
700	00.00	100.00
1000	00.00	100.00
Check	90.00	-
SEM ±	0.394405	-
CD at 5%	1.242719	-

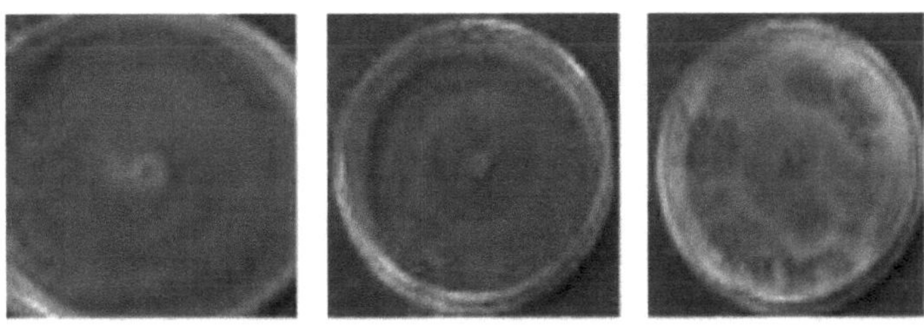

50 ppm | 100 ppm | Control

Placa: 4 Inibição do crescimento micelial por crossman

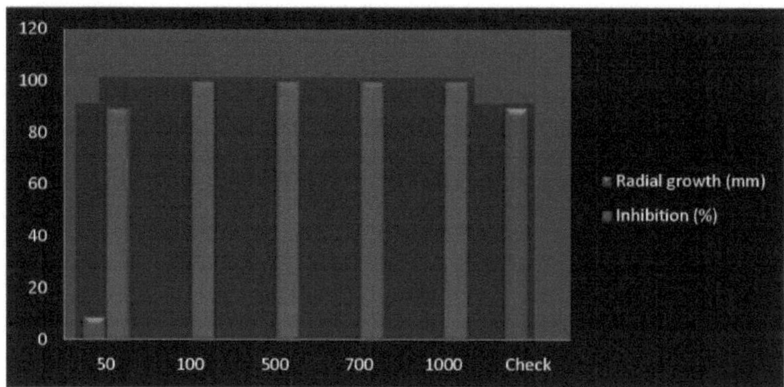

Fig.-7: Efeito *in vitro* do crossman em diferentes concentrações contra *T. viride* no crescimento micelial às 72 horas

Efeito *in vitro* do carbendazim 50%WP no crescimento radial de *T. viride* às 72 horas.

O carbendazim é um fungicida sistémico com ação protetora e curativa. O carbendazim foi avaliado *in vitro* contra o *T. viride* através da técnica do veneno alimentar nas concentrações de 50, 100, 200, 300, 400, 500, 600, 700, 800, 900 e 1000 ppm após 72 horas de incubação.

Os dados apresentados na tabela 8 e na placa 5 indicaram que o crescimento radial mínimo (6,33 mm) com 92,96% de inibição foi registado a 10 ppm de concentração em comparação com o controlo (fig. 8). No entanto, não foi registado qualquer crescimento micelial a 50 ppm ou mais. O carbendazim não é compatível com a dose recomendada. Registaram-se diferenças significativas entre todos os tratamentos.

Concentrations (ppm)	Radial growth (mm)	Inhibition (%)
10	06.33	092.96
50	00.00	100.00
100	00.00	100.00
200	00.00	100.00
300	00.00	100.00
400	00.00	100.00
500	00.00	100.00
600	00.00	100.00
700	00.00	100.00
800	00.00	100.00
900	00.00	100.00
1000	00.00	100.00
Check	90.00	-
SEM ±	0.29	-
CD at 5%	0.85	-

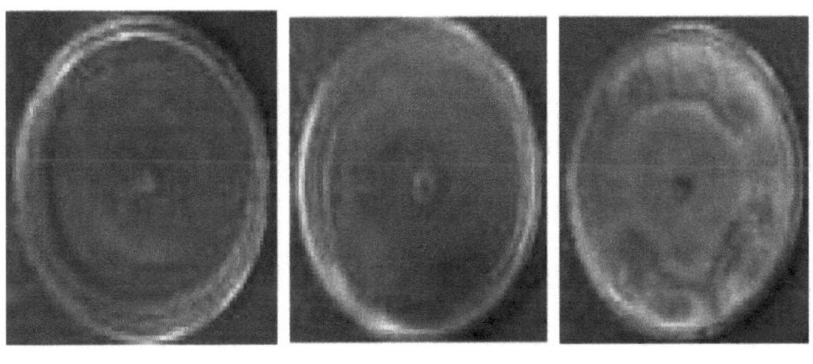

Placa: 5 Inibição do crescimento micelial pelo carbendazim

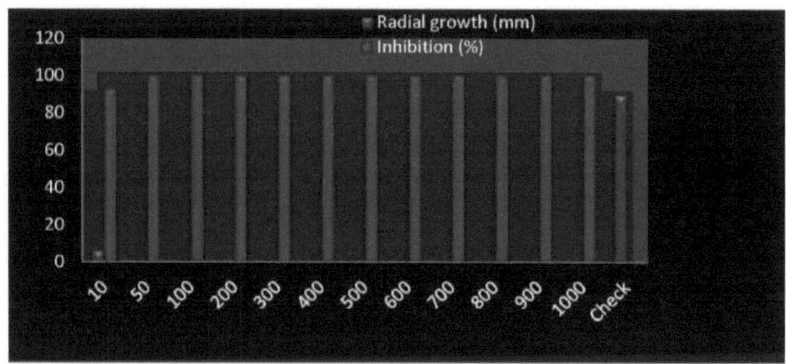

Fig.-8: Efeito *in vitro* do carbendazim em diferentes concentrações contra *T. viride* no crescimento micelial às 72 horas

O estudo de toxicidade *in vitro* de fungicidas comummente utilizados mostrou que fungicidas como hexaconazol, propiconazol, crossman e carbendazim inibiram completamente o crescimento micelial de *T. viride* a 200, 400, 100 e 50 ppm, respetivamente. Estes fungicidas não são compatíveis com o *T. viride* na dose recomendada ou mesmo em doses mais baixas. Por outro lado, o mancozeb inibiu 31,48% do crescimento micelial na concentração de 2000 ppm (dose recomendada). Por conseguinte, é moderadamente compatível com o *T. viride*.

(B). Inseticidas

Efeito *in vitro* do acetamipride 20% SP no crescimento radial de *T. viride* às 72 horas:

O acetamipride é um inseticida sistémico com atividade translaminar. O acetamipride foi avaliado *in vitro* contra *T. viride* pela técnica do veneno alimentar a uma concentração de 50, 100 e 200 ppm após 72 horas de incubação.

Tabela-9: Efeito *in vitro* do acetamipride em diferentes concentrações contra *T. viride* no crescimento micelial às 72 horas

Concentrations (ppm)	Radial growth (mm)	Inhibition (%)
50	90.00	00.00
100	88.33	01.85
200	86.33	04.00
Check	90.00	-
SEM ±	0.47	-
CD at 5%	1.54	-

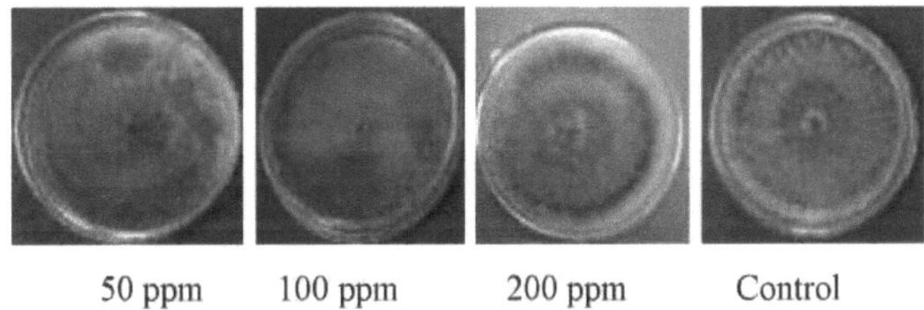

Placa: 8 Inibição do crescimento micelial pelo acetamipride

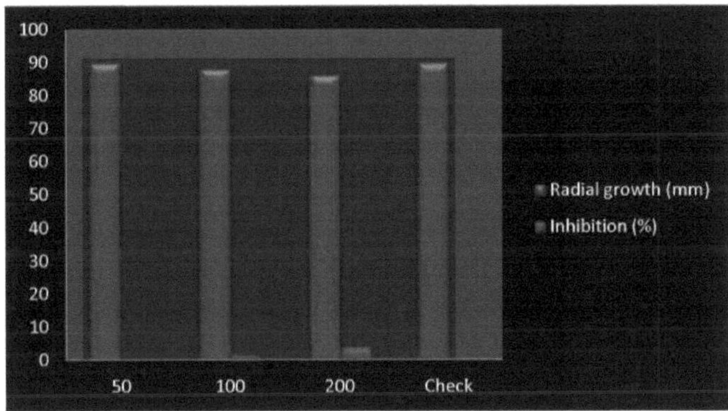

Fig.-9: Efeito *in vitro* do acetamipride em diferentes concentrações contra T. viride no crescimento micelial às 72 horas

Os dados apresentados no quadro 9 e na placa 8 indicam que o crescimento radial mínimo (86,33 mm) e a percentagem máxima de inibição (04,00%) foram registados na concentração de 200 ppm, seguida de 100 ppm (88,33 mm, 1,85%) e 50 ppm (90 mm, 00,00%), respetivamente, em comparação com o controlo (fig. 9). O acetamipride é altamente compatível com a dose recomendada. Cada tratamento variou de forma invariável e significativa.

Efeito *in vitro* do thimethoxam 25% WG no crescimento radial de *T. viride* às 72 horas:

O timetoxame apresenta atividade de contacto, estomacal e sistémica. Foi avaliado *in vitro* contra *T. viride* pela técnica de alimentos venenosos a 100, 200 e 300 ppm de concentração após 72 horas de incubação.

Tabela-10: Efeito *in vitro* do thimethoxam em diferentes concentrações contra *T. viride* no crescimento micelial às 72 horas

Concentrations (ppm)	Radial growth (mm)	Inhibition (%)
100	88.33	01.85
200	85.66	04.82
300	79.00	12.22
Check	90.00	-
SEM ±	0.62	-
CD at 5%	2.03	-

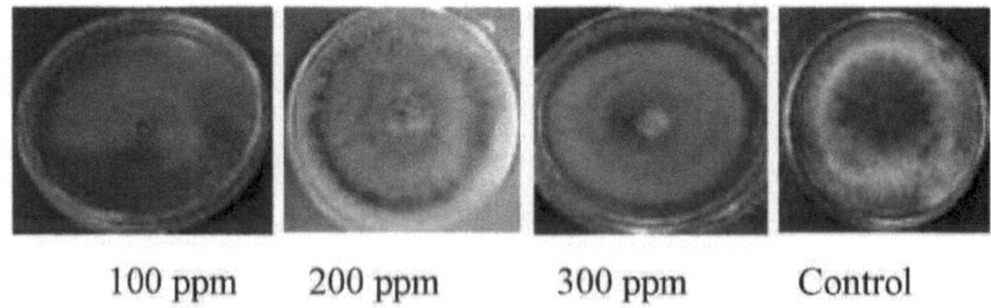

Placa:9 Inibição do crescimento micelial pelo tiametoxame

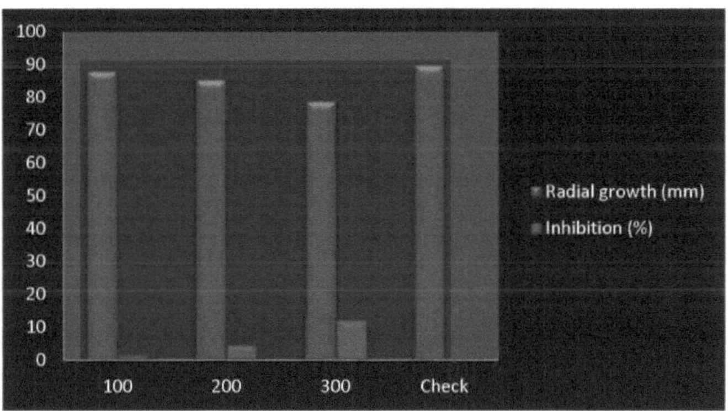

Os dados apresentados na tabela 10 e na placa 9 indicam que o crescimento radial mínimo (79,00 mm) e a percentagem máxima de inibição (12,22%) foram registados na concentração de 300 ppm, seguida de 200 ppm (85,66 mm, 4,82%) e 100 ppm (88,33 mm, 1,85%), respetivamente, em comparação com o controlo (fig. 10). O thimethoxam é altamente compatível com a dose recomendada. Registaram-se diferenças significativas entre todos os tratamentos.

Efeito *in vitro* do acefato 75% SP no crescimento radial de *T. viride* às 72 horas

O acefato é um inseticida sistémico de largo espetro. Foi avaliado *in vitro* contra *T. viride* pela técnica do veneno alimentar a concentrações de 500, 1000 e 1500 ppm após 72 horas de incubação.

Concentrations (ppm)	Radial growth (mm)	Inhibition (%)
500	87.00	03.33
1000	85.33	05.18
1500	70.33	21.85
Check	90.00	-
SEM ±	0.62	-
CD at 5%	2.03	-

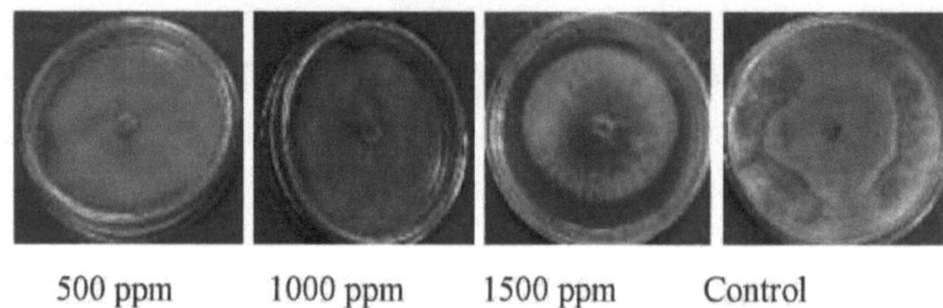

Placa:10 Inibição do crescimento micelial por acefato

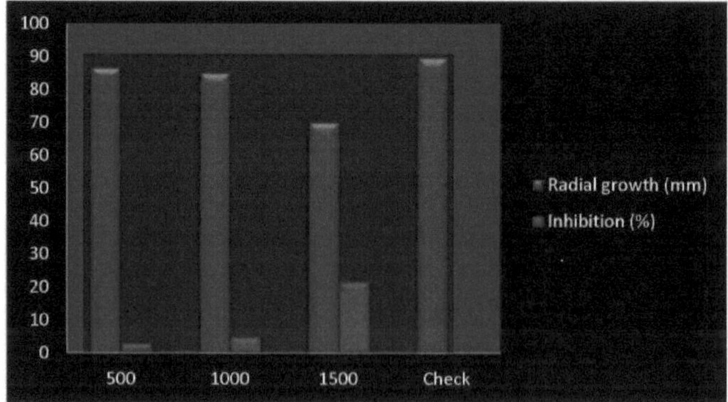

Fig.-ll: Efeito *in vitro* do acefato em diferentes concentrações contra *T. viride* no crescimento micelial às 72 horas

Os dados apresentados na tabela 11 e na placa 10 indicam que o crescimento radial mínimo (70,33 mm) e a percentagem máxima de inibição (21,85%) foram registados na concentração de 1500 ppm, seguida de 1000 ppm (85,33 mm, 5,18%) e 500 ppm (87,00 mm, 3,33%), respetivamente, em comparação com o controlo (fig. 11). O acefato é altamente compatível na dose recomendada. Cada tratamento variou de forma invariável e significativa.

Efeito *in vitro* do fipronil 5% SC no crescimento radial de *T. viride* às 72 horas

O fipronil é um inseticida de largo espetro, tóxico por contacto e ingestão. Foi avaliado *in vitro* contra *T. viride* pela técnica do veneno alimentar a concentrações de 1500, 2000 e 2500 ppm após 72 horas de incubação.

Tabela-12: Efeito *in vitro* do fipronil em diferentes concentrações contra *T. viride* no crescimento micelial às 72 horas

Concentrations (ppm)	Radial growth (mm)	Inhibition (%)
1500	71.33	20.74
2000	66.33	26.30
2500	60.33	32.96
Check	90.00	-
SEM ±	0.65	-
CD at 5%	2.11	-

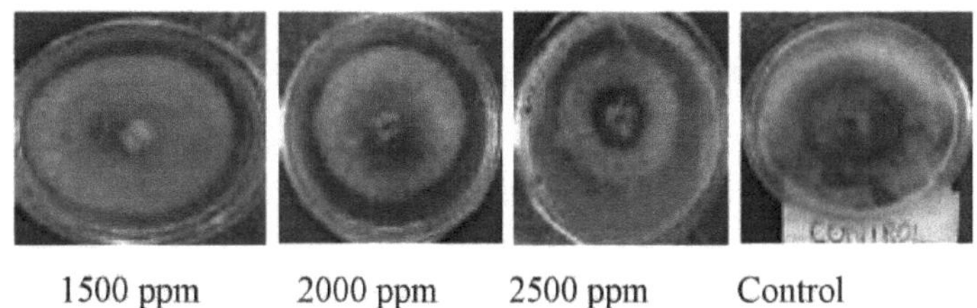

Placa: 11 Inibição do crescimento micelial pelo fipronil

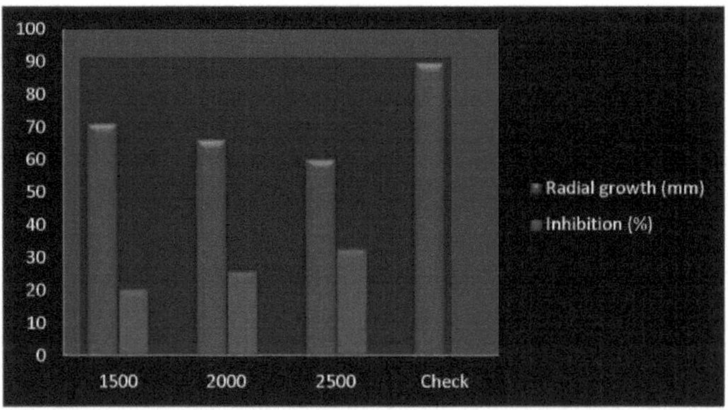

Fig.-12: Efeito *in vitro* do fipronil em diferentes concentrações contra *T. viride* no crescimento micelial às 72 horas

Os dados apresentados no quadro 12 e na placa 11 indicam que o crescimento radial mínimo (60,33 mm) e a percentagem máxima de inibição (32,96%) foram registados na concentração de 2500 ppm, seguida de 2000 ppm (66,33 mm, 26,30%) e 1500 ppm (71,33 mm, 20,74%), respetivamente, em comparação com o controlo (fig. 12). O fipronil é moderadamente compatível com a dose recomendada. Todos os tratamentos foram significativamente iguais entre si.

Entre os insecticidas, *o* acetamipride, o thimethoxam e o acefato são altamente compatíveis com *T. viride*, enquanto o fipronil é moderadamente compatível com *T. viride*.

Efeito dos pesticidas na população de *T. viride*

As dosagens recomendadas de fungicidas [mancozeb (0,2%), Crossman (0,075%), Hexaconazole (0,05%), Carbendazim (0,1%),] e insecticidas [monocrotophos (0,075%), thiamethoxam (0,02%), acetamiprid (0,01%), fipronil (0.02%) e acefato (0,06%)] foram misturados em vasos cheios de solo juntamente com *T. viride,* não foram observadas diferenças significativas na população de *T. viride* entre os tratamentos e o controlo aos 30, 60 e 90 dias após a inoculação.

O controlo inoculado que não recebeu quaisquer pesticidas e que foi emendado com *T. viride* apresentou uma população máxima com 5,33 ufc g^{-1} solo. O nível populacional de *T. viride* em vasos tratados com monocrotofos e fipronil também tem 5,33 ufc g^{-1} solo, que foi semelhante ao controlo (5,33 ufc g^{-1} solo) seguido de mancozeb (5.0 cfu g^{-1} soil), acetamiprid (5.0 cfu g^{-1} soil), acephate (5.0 cfu g^{-1} soil), crossman (4.66 cfu g^{-1} soil), hexaconazole (4.33 cfu g^{-1} soil) e carbendazim (3.33 cfu g^{-1} soil) aos 30 dias após a inoculação.

A inibição máxima (37,5%) da população de *T. viride* foi registada em vasos tratados com carbendazim, seguida de hexaconazol, Crossman, acefato, mancozebe e acetamipride, que foram 18,7%, 12,5%, 06,91%, 06,19% e 06,1%, respetivamente, 30 dias após a inoculação. As mesmas tendências na população de *T. viride* também foram registadas aos 60 e 90 dias após a inoculação.

Os resultados globais da experiência em vaso mostraram que não há diferenças significativas no nível populacional de *T. viride* entre o solo tratado com pesticidas nas doses recomendadas e o controlo, exceto no tratamento com carbendazim. Todos os tratamentos foram significativamente iguais entre si.

Também foram registadas tendências semelhantes após 60 e 90 dias depois da inoculação. Foi interessante notar que a população de *T. viride* no solo tratado com pesticidas; não foram registados efeitos dos pesticidas na população de *T. viride* após 90 dias em todos os tratamentos, exceto no carbendazim.

Assim, é muito claro que a população de *T. viride* aumenta nos vasos tratados com pesticidas, bem como no controlo, com o aumento do tempo.

O estudo de toxicidade *in vivo* de pesticidas vulgarmente utilizados, como mancozebe, hexaconazol, Crossman, acetamipride, timetoxame, acefato, fipronil e monocrotofos, é altamente compatível com *T. viride*, ao passo que o carbendazime foi moderadamente compatível com *T. viride* 30 e 60 dias após a inoculação. Todos estes pesticidas são altamente compatíveis com o *T. viride* na dose recomendada após 90 dias de inoculação.

Quadro-13: Efeito dos pesticidas na população (g^1 solo) de *T. viride* aos 30, 60 e 90 dias após a inoculação

Pesticides	Population at 30 days	Inhibition (%)	Population at 60 days	Inhibition (%)	Population at 90 days	Inhibition (%)
Mancozeb (0.2%)	5.00	6.19	5.67	00.0	6.33	00.00
Crossman (0.075%)	4.66	12.5	5.33	06.0	6.00	05.21
Hexaconazole (0.05%)	4.33	18.7	5.33	06.0	6.33	00.00
Carbendazim (0.1%)	3.33	37.5	3.67	35.2	5.00	21.01
Monocrotophos (0.075%)	5.33	00.0	5.00	11.1	6.33	00.00
Thimethoxam (0.02%)	5.33	00.0	5.67	00.0	6.33	00.00
Acetamiprid (0.01%)	5.00	06.1	5.67	00.0	6.33	00.00
Fipronil (0.02%)	5.33	00.0	5.00	11.8	6.33	00.00
Acephate (0.06)	5.00	6.91	5.67	00.0	6.33	00.00
Check	5.33	-	5.67	-	6.33	-
SEM±	0.49	-	0.43	-	0.39	-
CD at 5%	1.46	-	1.28	-	1.16	-

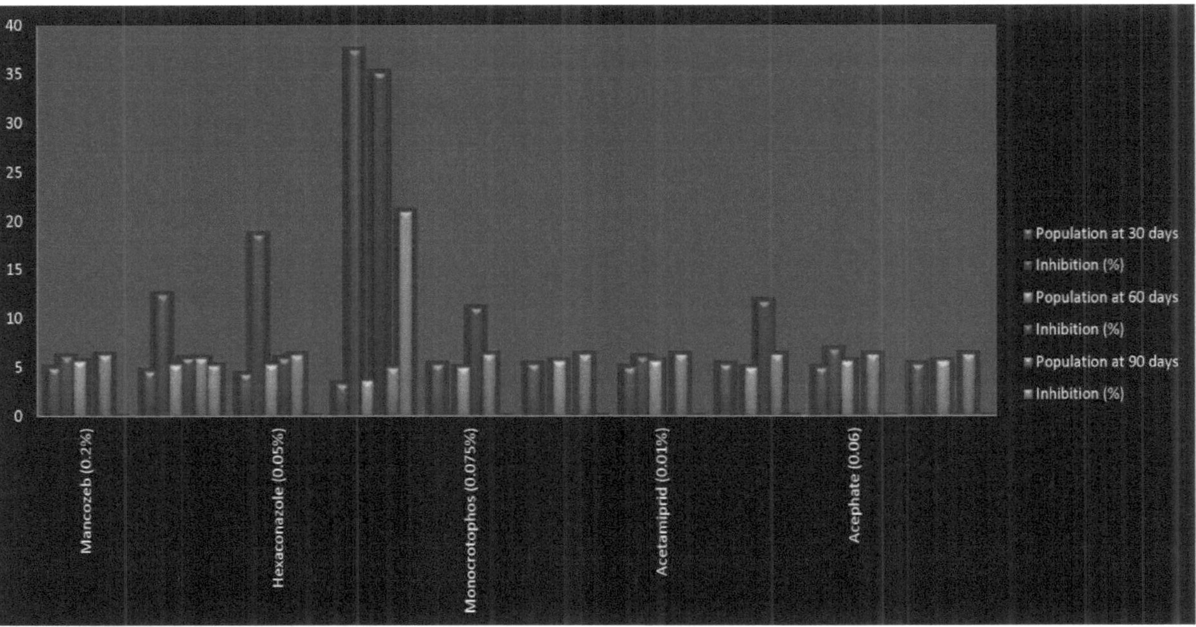

Fig.-13: Efeito dos pesticidas na população (g^1 solo) de *T. viride* aos 30, 60 e 90 dias após a inoculação

Capítulo V

Discussão

As espécies de *Trichoderma* são fungos cosmopolitas do solo, notáveis pelo seu rápido crescimento, capacidade de utilização de diversos substratos e resistência a produtos químicos nocivos, sendo altamente interactivos nos ambientes radicular, do solo e foliar. As espécies de *Trichoderma* são fungos saprófitas generalizados do solo ou fungos de decomposição da madeira, que parecem estar bem adaptados a diversos stresses abióticos, como a salinidade e a seca **(Kubicek et. al, 2002)**. Várias espécies de *Trichoderma* são usadas como agentes de biocontrolo (BCAs) contra fungos patogénicos de plantas transmitidos pelo solo **(Papavizas e Lumsden 1982, Samuels,** 1996). Estas espécies produzem enzimas extracelulares **(Haran et. al, 1996)** e antibióticos antifúngicos **(Ghisalberti e Rowland, 1993)**. Os resultados da presente investigação, apresentados no capítulo anterior, necessitam de uma discussão aprofundada à luz de trabalhos e descobertas semelhantes sobre *Trichoderma viride.*

Isolamento e caraterização de *T. viride:*

Foram recolhidas amostras de solo de diferentes campos de feijão-frade infectados. Os *Trichoderma* foram isolados e purificados em meio de ágar dextrose de batata (PDA). O fungo isolado foi identificado como *T. viride* com base em caracteres culturais e morfológicos. As colónias do fungo cresceram rapidamente; a superfície da colónia é lisa, tornando-se peluda e de cor verde escura. O micélio de *T. viride* é hialino, liso, septado e muito ramificado. Os clamidósporos são intercalares, globosos e raramente elipsoidais. Os conidióforos surgem em tufos compactos ou soltos, os ramos principais produzem vários ramos laterais em grupos de 2-3, e todos os ramos ficam em ângulo largo. As fiálides são curvas, em forma de alfinete, mais estreitas na base e alargadas acima do meio, atenuadas num longo pescoço. Os fialósporos são globosos ou obovóides curtos, largamente elipsoidais, com a base semelhante a um apículo distante, minúsculos, com a parede rugosa e cor verde pálida. O carácter cultural e morfológico semelhante do fungo também foi descrito por Alexopoulas (1996) e **Sharma *et al.* (2010).** Estes resultados estão em total conformidade com **Samuels *et al,* 1998** e **2000** para o estudo dos caracteres morfológicos de diferentes espécies de *Trichoderma*.

O crescimento do bio-agente (*T. viride)* foi testado em três meios diferentes, sólidos e líquidos. Os crescimentos miceliais máximos de T. viride foram registados no meio Potato Dextrose Agar (90,00 mm) seguido do meio Rose Bengal Agar (72,67 mm). O crescimento no meio Czapek's Dox foi médio (10,00 mm). Nos meios líquidos, o peso micelial mais elevado foi registado em caldo de Batata-Dextrose (177,33 mg), seguido de caldo Rosa Bengala (165,33 mg) e Czapek's (Dox) (27,33 mg).

Kumar e Singh (2008) realizaram uma experiência para estudar a taxa de crescimento de *Trichoderma citrinoviride, T. flavofuscum, T. hamatum, T. harzianum, T. Koningii, T. virnes, T. viride* e *T. longibrachiatum* em ágar batata dextrose (PDA), meio seletivo *Trichoderma* (TSM), meio de ágar celulose (CAM), ágar nutriente especial (SNA), ágar extrato de malte (MEA) e ágar farinha de aveia (OMA). Verificaram que *T. citrinoviride* cresceu melhor em PDA e CAM; *T. flavofuscum* em PDA; *T. hamatum* em MEA, PDA e SNA; *T. harzianum em* PDA: *T. koningii* em PCA e CAM; *T. virens* em SNA, PDA e MEA; *T. viride* em PDA, CAM e SNA; e *T. longibrachiatum* em PDA.

Eficácia *in vitro* de *T. viride* contra *Rhizoctonia solani.*

A eficácia do *Trichoderma viride* foi testada quanto ao crescimento micelial e à percentagem de inibição de *R. solani*, utilizando a técnica de cultura dupla às 72 horas de incubação. Os resultados indicaram claramente que o crescimento radial (68,67%) de *R. solani* foi inibido por *T. viride* em comparação com o controlo, utilizando a técnica de cultura dupla às 72 horas de incubação.

Kumar *et al.* (2008) relataram que a inibição máxima de *R. solani* foi registada em *T. viride* com 88,29 por cento seguido por *T. harzianum* (82,50%) no prazo de 15 dias de incubação em cultura dupla e concluíram que ambas as *espécies de Trichoderma* mostraram potencial antagónico contra *Æ solani. Os* mesmos resultados foram também registados por **Narendrappa e Nandini (2013)**

Eficácia das substâncias químicas *in vitro".*

Fungicidas:

Mancozeb 75% WP (1500, 2000, 2500, 3000 e 3500 ppm), hexaconazole 5% SC (50, 100, 200, 300, 400, 500 e 600 ppm), propiconazole 25% EC (50, 100, 200, 300, 400, 500 e 600 ppm), Crossman (carbendazim 12% + mancozeb 63% WP; 50, 100, 500, 700 e 1000 ppm), carbendazim 50% WP (10, 50, 100, 200, 300, 400, 500, 600, 700, 800, 900 e 1000 ppm) foram avaliados *in vitro* contra *T. viride* após 72 horas de incubação.

O estudo de toxicidade *in vitro* de pesticidas comummente utilizados mostrou que fungicidas como o hexaconazol, o propiconazol, o crossman e o carbendazim inibiram completamente o crescimento micelial de *T. viride* a 200, 400, 100 e 50 ppm, respetivamente. Estes fungicidas não são compatíveis com o *T. viride* na dose recomendada ou mesmo em doses mais baixas. Por outro lado, o mancozeb inibiu 31,48% do crescimento micelial na concentração de 2000 ppm (dose recomendada). Por conseguinte, é moderadamente compatível com *T. viride*.

Madhavi *et al.* (2011) avaliaram a compatibilidade *in vitro* de *T. viride* com 25 pesticidas. *O T. viride* mostrou uma elevada compatibilidade com o inseticida Imidacloprid (7,6 cm de crescimento micelial), seguido do Mancozeb (6,3 cm) e do Tebuconazole (3,7 cm). Os fungicidas de contacto, *nomeadamente* o Pencycuron e o Propineb, foram considerados totalmente compatíveis com o *T. viride. Por* outro lado, *o T. viride é totalmente incompatível* com fungicidas sistémicos como o Carbendazim, o Hexaconazol, o Tebuconazol e o Propiconazol. *O T. viride* foi totalmente compatível com mancozebe nas concentrações de 0,025, 0,05, 0,1 e 0,2 por cento **(Singh *et al.*, 2012).**

Gaikwad *et al.* (2011) avaliaram a compatibilidade de *T. viride* com alguns fungicidas para tratamento de sementes disponíveis no mercado, ou seja, tirame, carbendazim, captana, vitavax (carboxina), enxofre molhável, aureofungina e mancozebe, em várias concentrações, utilizando a técnica do veneno alimentar. Os resultados mostraram que o crescimento de *T. viride* foi completamente inibido por carbendazim e vitavax em todas as concentrações. A tendência dos resultados foi semelhante para o carbendazim em meios sólidos e líquidos. O tirame nas concentrações recomendadas e elevadas mostrou 84 e 100% de inibição de *T. viride,* respetivamente. Na aureofungina, o crescimento de *T. viride* foi inibido em grau considerável nas concentrações recomendadas e elevadas, mostrando uma ação fungistática em vez de fungitóxica, uma vez que, mesmo em concentrações elevadas, não *se observou uma* inibição completa de *T. viride*. *Obteve-se* um bom crescimento de *T. viride* em todas as concentrações, indicando a compatibilidade de *T. viride* com enxofre molhável. O mancozeb não apresentou efeito inibitório sobre o crescimento de *T. viride,* indicando a compatibilidade de *T. viride* com mancozeb em todas as concentrações. A eficácia desses fungicidas foi relatada anteriormente por **Gupta** e **Kemi (1995)** e **Bhat** e **Srivastava (2003).**

Insecticidas:

Os insecticidas acetamipride 20% SP (50, 100 e 200 ppm), thimethoxam 25% WG (100, 200 e 300 ppm), acefato 75% SP (500, 1000 e 1500 ppm) e fipronil 5% SC (1500, 2000 e 2500 ppm) foram avaliados *in vitro* contra *T. viride* após 72 horas de incubação. A concentração dos insecticidas foi selecionada como uma dose inferior e uma dose superior da dose recomendada.

O acetamipride, o thimethoxam, o acefato e o fipronil inibiram ao máximo o crescimento radial de *T. viride* (4,00%, 12,22%, 21,85% e 32,96%) a 200, 300, 1500 e 2500 ppm, respetivamente. No entanto, o acetamipride, o thimethoxam, o acefato e o fipronil inibiram o crescimento radial do *T. viride* (1,85%, 4,82%, 5,18% e 26,30%) a 100, 200, 1000 e 2000 ppm, respetivamente, na dose recomendada.

Entre os insecticidas, o acetamipride, o thimethoxam e o acefato são altamente compatíveis com *T. viride. O* fipronil foi moderadamente compatível com *T. viride.*

Thiruchchelvan *et al.* **(2013)** avaliaram a compatibilidade de insecticidas com *T. harzianum* utilizando a técnica do alimento venenoso. Seis insecticidas, Admire (Imidaclorpride), Asie (Acefato 75% p/p), Mospilan (Acetamipride 20% p/p SP), Actara 25 V.G (Tiametoxame (25%) SP), Selecron (Profenofos 500 g/L EC) e Coragen (Clorantraniliprole) foram avaliados na dose recomendada. Os resultados revelaram que três insecticidas, *nomeadamente* o clorantraniliprole (85 mm MCD), o acetamipride 20% p/p (85 mm MCD) e o imidaclopride (85 mm MCD), são compatíveis com o crescimento de *T. harzianum* e que a percentagem de inibição mais elevada foi medida contra o profenofos 500 g/L EC, com 59,29% e 34,60 mm de diâmetro médio das colónias. O tiametoxame (25%) SP e o acefato 75% w/w SP também foram inibidos em 03,82% (81,75 mm MCD) e 02,41% (82,95 mm MCD), respetivamente, mas, em comparação com o profenofos, não foram significativos. *A Trichoderma* é compatível com a maioria dos produtos químicos, pelo que os agricultores comerciais podem utilizá-la na gestão integrada de doenças para proteger o ambiente, reduzir os riscos para a saúde humana e também reduzir os custos indesejados dos pesticidas. A compatibilidade destes insecticidas com *Trichoderma* foi previamente comunicada por **Madhavi** *et al.* **(2008).**

Eficácia de produtos químicos contra *Trichoderma viride* no solo:

A população máxima (5,33 ufc g^{-1} solo) de *T. viride* foi registada no controlo não tratado, seguida de monocrotofos (5,33 ufc g^{-1} solo), fipronil (5,33 ufc g^{-1} solo), mancozebe (5,0 ufc g^{-1} solo), acetamipride (5.0 cfu g^{-1} solo), acefato (5,0 cfu g^{-1} solo), crossman (4,66 cfu g^{-1} solo), hexaconazol (4,33 cfu g^{-1} solo) e carbendazim (3,33 cfu g^{-1} solo) em vasos tratados com pesticidas nas doses recomendadas após 30 dias de inoculação.

A inibição máxima (37,5%) da população de *T. viride* foi registada em vasos tratados com carbendazim, seguida de hexaconazol, Crossman, acefato, mancozebe e acetamipride, que foram 18,7%, 12,5%, 06,91%, 06,19% e 06,1%, respetivamente, 30 dias após a inoculação. As mesmas tendências na população de *T. viride* também foram registadas aos 60 e 90 dias após a inoculação.

Os resultados globais da experiência em vaso mostraram que não há diferenças significativas no nível populacional de *T. viride* entre o solo tratado com pesticidas nas doses recomendadas e o controlo, exceto no tratamento com carbendazim. Todos os tratamentos foram significativamente iguais entre si.

Também foram registadas tendências semelhantes após 60 e 90 dias após a inoculação. Foi interessante notar que a população de *T. viride* no solo tratado com pesticidas. Não foram registados efeitos dos pesticidas na população de *T. viride* após 90 dias em todos os tratamentos, exceto no carbendazim.

Assim, é muito claro que a população de *T. viride* aumenta nos vasos tratados com pesticidas, bem como no controlo, com o aumento do tempo.

O estudo de toxicidade e compatibilidade *in vivo* de pesticidas comummente utilizados, como mancozebe, hexaconazol, Crossman, acetamipride, tiametoxame, acefato, fipronil e monocrotofos, é altamente compatível com *T. viride. Por* outro lado, o carbendazim foi moderadamente compatível com *T. viride* aos 30 e 60 dias após a inoculação. Todos estes pesticidas são altamente compatíveis com o *T. viride* na dose recomendada após 90 dias de inoculação.

Bhai e Thomas (2010) avaliaram a compatibilidade de agroquímicos comummente utilizados nas dosagens recomendadas com *T. harzianum.* Foram testados três fungicidas e seis insecticidas comummente utilizados *in vitro* e *invivo.* A percentagem de inibição micelial foi registada na calda bordalesa a 1%, seguida do Quinalfos (55,84%). Outros fungicidas e insecticidas testados foram considerados não inibitórios nas respectivas dosagens recomendadas e estavam ao mesmo nível que o controlo, indicando assim a compatibilidade de *Trichoderma* com estes fungicidas e insecticidas. O estudo *in vivo* também mostrou a compatibilidade de *T. harzianum* com produtos químicos. O carbofurano, o oxicloreto de cobre e o forato foram considerados altamente compatíveis com o *T. harzianum.* Para além disso, verificou-se que apoiavam o aumento da população de *T. harzianum. Os* mesmos resultados foram também registados por **Khan (2007).**

A utilização combinada de agentes de biocontrolo e pesticidas tem atraído muita atenção na produção de culturas bem sucedidas para combater a praga. O sucesso dos agentes de biocontrolo depende da sua compatibilidade com outros sistemas de gestão de doenças **(Desai *et al.,* 2002).** No entanto, a compatibilidade de *Trichoderma* com pesticidas precisa de ser confirmada antes da sua utilização no sistema de gestão integrada.

Capítulo-VI

Resumo e conclusão

Entre as várias estratégias disponíveis para a gestão das doenças das plantas, as estratégias de base química têm sido dominantes até à data. A utilização de pesticidas sintéticos levou ao aparecimento de vários problemas, como a poluição ambiental, o efeito residual nos cereais e a morte de organismos não visados. O desenvolvimento de estirpes resistentes de agentes patogénicos das plantas é um problema grave de gestão das doenças, que aumenta devido à aplicação de estratégias exclusivamente pesticidas para a gestão das doenças das plantas. Para minimizar os problemas relacionados com os pesticidas, *Trichoderma* é a melhor arma biológica para a gestão das doenças das plantas. *Trichoderma* spp. tem sido um agente de biocontrolo excecionalmente bom porque é ubíquo, fácil de isolar e cresce rapidamente em muitos substratos, afecta uma vasta gama de agentes patogénicos das plantas e é compatível com alguns agroquímicos. A utilização combinada de agentes de biocontrolo e pesticidas tem atraído muita atenção na produção de culturas bem sucedidas para combater a praga. O êxito dos agentes de biocontrolo depende da sua compatibilidade com outros sistemas de gestão de doenças. No entanto, a compatibilidade de *Trichoderma* com pesticidas precisa de ser confirmada antes da sua utilização no sistema de gestão integrada.

As principais conclusões dos estudos são resumidas a seguir

1.   *O Trichoderma viride* foi isolado a partir de amostras de solo recolhidas em campos de feijão-frade. Os caracteres morfológicos do fungo foram estudados após o isolamento do fungo em meio de ágar dextrose de batata (PDA). O fungo isolado foi identificado como *T. viride* com base em caracteres culturais e morfológicos. As colónias do fungo cresceram rapidamente; a superfície da colónia é lisa, tornando-se peluda e de cor verde escura. O micélio é hialino, liso, septado e muito ramificado. Os clamidósporos são intercalares, globosos e raramente elipsoidais. Os conidióforos surgem em tufos compactos ou soltos, os ramos principais produzem vários ramos laterais em grupos de 2-3, todos os ramos ficam em ângulo largo. As fiálides são curvas, em forma de alfinete, mais estreitas na base e alargadas acima do meio, atenuadas num longo

pescoço. Os fiálosporos são globosos ou obovóides curtos, largamente elipsoidais, com a base semelhante a um apículo distante, minúsculos, com a parede rugosa de cor verde pálida.

2. Entre os meios sólidos, o crescimento micelial máximo de *T. viride* foi registado no meio Agar Dextrose Batata (90,00 mm), seguido do meio Agar Rosa de Bengala (72,67 mm) e do meio Dox de Czapek (10,00 mm). Nos meios líquidos, o peso micelial mais elevado foi registado em caldo de Batata-Dextrose (177,33 mg), seguido de caldo Rosa Bengala (165,33 mg) e Czapek's (Dox) (27,33 mg).

3. No estudo de cultura dupla, 68,67% do crescimento radial de *R. solani* foi inibido por *T. viride* às 72 horas de incubação.

4. O estudo *in vitro* da toxicidade e da compatibilidade de fungicidas vulgarmente utilizados, como o hexaconazol, o propiconazol, o crossman e o carbendazim, inibiu completamente o crescimento micelial de *T. viride* a 200, 400, 100 e 50 ppm, respetivamente. Estes fungicidas não são compatíveis com o *T. viride* na dose recomendada ou mesmo em doses mais baixas. Por outro lado, o mancozeb inibiu 31,48% do crescimento micelial na concentração de 2000 ppm (dose recomendada) e é moderadamente compatível com o *T. viride.*

5. Inseticidas como acetamipride, thimethoxam, acefato e fipronil inibiram o crescimento radial de *T. viride* (4,00%, 12,22%, 21,85% e 32,96%) a 200, 300, 1500 e 2500 ppm, respetivamente. No entanto, o acetamipride, o thimethoxam, o acefato e o fipronil inibiram o crescimento radial do *T. viride* (1,85%, 4,82%, 5,18% e 26,30%) a 100, 200, 1000 e 2000 ppm, respetivamente, na dose recomendada.

Entre os insecticidas, o acetamipride, o thimethoxam e o acefato são altamente compatíveis com *T. viride*, enquanto o fipronil foi moderadamente compatível com *T. viride* na dose recomendada.

6. O estudo *in vivo* da toxicidade e da compatibilidade de pesticidas vulgarmente utilizados, como o mancozebe, o hexaconazol, o Crossman, o acetamipride, o timetoxame, o acefato, o fipronil e o monocrotofos, é altamente compatível com *T. viride.* Por outro lado, o carbendazime foi moderadamente compatível com o *T. viride* 30 e 60 dias após a inoculação. Todos estes pesticidas são altamente compatíveis com o *T. viride* na dose recomendada após 90 dias de inoculação.

A população máxima (5,33 ufc g^{-1} solo) de *T. viride* foi registada no controlo não tratado, seguida de monocrotofos (5,33 ufc g^{-1} solo), fipronil (5,33 ufc g^{-1} solo), mancozebe (5,0 ufc g^{-1} solo), acetamipride (5.0 cfu g^{-1} solo), acefato (5,0 cfu g^{-1} solo), crossman (4,66 cfu g^{-1} solo), hexaconazol (4,33 cfu g^{-1} solo) e carbendazim (3,33 cfu g^{-1} solo) em vasos tratados com pesticidas nas doses recomendadas após 30 dias de inoculação.

Os resultados gerais da experiência em vaso mostraram que não há diferenças significativas no nível populacional de *T. viride* entre o solo tratado com pesticidas nas doses recomendadas e o controlo, exceto no tratamento com carbendazim. Todos os tratamentos foram significativamente iguais entre si.

Bibliografia

Alexander, M. (1961). Introduction to soil microbiology. Wiley, P. & Sons, Nova Iorque e Londres.

Alwan, D. S.; Al-Kurtany, A. A. E. S. e Al-Zubaide, N. A. J. (2012). Avaliação da eficácia dos fungos de controle biológico *Trichoderma harzianum* e *Trichoderma viride* na proteção de sementes e mudas de cominho preto da infeção por fungos de campo *Fusarium solani, Fusarium lateritium* e *Rhizoctonia* sp. e efeito em alguns calibres de crescimento. *Diyala Agricultural Sciences Journal'*, 4(2):ArlO5- Arll5.

Ansari, M. M.; Mirza, S.; Gupta, G. K. e Srivastava, S. K. (2011). Caracterização de isolados locais de *Trichoderma,* avaliação *in vitro* contra *Sclerotium rolfsii* (organismo causal da podridão do colo da soja) e compatibilidade com fungicidas para tratamento de sementes. *Soybean Research* 9:123-135.

Archana, S.; Hubballi, M.; Ranjitham, T. P.; Prabakar, K. e Raguchander, T. (2012). Compatibilidade da azoxistrobina 23 SC com agentes de biocontrolo e insecticidas. *Jornal Agrícola de Madras* 99(4/6):374-377.

Bagwan, N. B. (2010). Avaliação da compatibilidade de *Trichoderma* com fungicidas, pesticidas, bolos orgânicos e botânicos para a gestão integrada de doenças transmitidas pelo solo da soja *[Glycine max* **(L.) Merril]**, *International Journal of Plant Protection* 3(2):206-209.

Banerjee, S.; Chatterjee, S. e Dutta, S (2010). Compatibilidade de *Trichoderma* spp. com fungicidas e fitoextratos para a gestão integrada da praga foliar de *Alternaria em Ocimum sanctum* L. *Journal of Mycopathological Research* 48(1):73-79.

Barhate, B. G.; Bidbag, M. B.; Ilhe, B. M. e Shivagaje, A. J. (2012). Avaliação *in vitro* de fungicidas e bioagentes contra *Colletotrichum capsici* causando morte de capsicum. *Jornal de Ciências de Doenças de Plantas* 7 (1): 64-66.

Bhai, R. S. e Thomas, J. (2010). Compatibilidade de Trichoderma harzianum (Rifai.) com fungicidas, insecticidas e fertilizantes. *Indian Phytopathology* 63(2):145-148.

Bhat, N. M. e Srivastava, L. S. (2003). Avaliação de alguns fungicidas e formulações de neem contra seis agentes patogénicos do solo e três *Trichoderma* spp. *in vitro. Plant Disease Research* (Ludhiana) 18(l):56-59.

Bissett, J. (1984). Uma revisão do género *Trichoderma* L. secção *Lonibrachiatum* Sect. Nov., *Can. J. Bot.,* 62, 924.

Chet, I. (1987). *Trichoderma.* aplicação, modo de ação e potencial como agente de biocontrolo de fungos fitopatogénicos do solo. In: *Innovative Approaches to Plant Disease Control* (ed. Chet, I.). NY. EUA, Willey, pp. 137-160.

Dar, W. A.; Beig, M. A.; Ganie, S. A.; Bhat, J. A. e Shabir-u-Rehman Razvi, S. M. (2013). Estudo *in vitro* de fungicidas e agentes de biocontrolo contra *Fusarium oxysporum* f.sp. *pini* causando podridão radicular do abeto do Himalaia Ocidental *{Abies pindrowf Scientific Research and Essays* 8(30):1407-1412.

Dean, M.; Bui, G. e Paci, **F.** (2004). Compatibilidade dos fungos antagonistas *Trichoderma viride* e *Fusarium oxysporum* com herbicidas e fungicidas. Giomate Fitopatologische, Montesilvano (Pescara), 4-6 maggio. Atti, volume segundo: 329-334.

Demirci, A.; Katrcoglu, Y. Z. e **Demirci, F.** (2002). Investigações sobre os efeitos dos fungicidas do grupo dos triazóis em alguns fungos antagonistas importantes e no não-patogénico *Fusarium oxysporum* (Schlecht) *in vitro. Bitki Koruma Bulteni* 42(l/4):53-65.

Desai, S.; Reddy, M.S. e **Kloepper, J.W.** (2002). Comprehensive testing of bio control agents. In: *Biological control of crop diseases (controlo biológico de doenças das culturas)* (ed. Samuel, S. Gnanamanizckam), pp. 387-420.

Devi, T. N. e **Singh, M. S.** (2010). Diversidade de espécies de *Trichoderma* nos solos de Manipur e suas actividades antagonistas contra o agente patogénico da podridão da maçã *Penicillium expansum. Journal of Mycopathological Research* 48(2):357-363.

Dighule, S. B.; Perane, R. R.; Amie, K. S. e **More, P. E.** (2011). Eficácia de fungicidas químicos e bio-agentes contra as principais doenças foliares fúngicas do algodão *in vitro*. *Jornal Internacional de Ciências Vegetais* (Muzaffamagar) 6(2):247-250.

Eleleigh, D.E. (1987). Celulase: uma perspetiva. Philosophical Transcriptions of the Royal Society of London, *Servie B- Biological Sciences,* **321:** 435-447.

El-Mougy, N. S.; Abdel-Kader, M. M. e **Lashin, S. M.** (2013). A eficácia de algumas alternativas de fungicidas sobre a capacidade antagónica de alguns agentes de biocontrolo *in vitro. Journal of Applied Sciences Research* 9(6):3543-3551.

Gaikwad, R. D.; Mandhare, V. K. e **Borkar, S. G.** (2011). Avaliação da compatibilidade de *Trichoderma viride* com fungicidas para tratamento de sementes. *Journal of Plant Disease Sciences* 6(1):68-69.

Gawade, D. B.; Suryawanshi, A. P.; Zagade, S. N.; Wadje, A. G. e **Zape, A. S.** (2009). Avaliação *in vitro* de fungicidas, botânicos e bioagentes contra a antracnose da soja provocada por *Colletotrichum truncatum. Revista Internacional de Proteção das Plantas* 2(1):103-107.

Ghaffar, N. S. A. (2013). Efeito de fungicidas, antagonistas microbianos e bolos de óleo no controlo de *Fusarium oxysporum,* a causa da podridão das sementes e da infeção das raízes da cabaça de garrafa e do pepino. *Pakistan Journal of Botany* 45(6):2149-2156.

Ghisalberti, E. L. e **Rowland, G. Y. (1993).** Metabolitos antifúngicos de *Trichoderma harzianum. J. Nat. Prod.* **56:** 1799-1804.

Gogoi, N. K. e **Ali, M. S.** (2005). Gestão integrada do míldio da bainha do arroz de inverno com *Trichoderma harzianum,* alguns correctivos do solo e captan. *Crop Research* (Hisar) 30(3):423-427.

Goudar, S. B. e **Kulkarni, S.** (1999). Efeito de compatibilidade de antagonistas e preparadores de sementes contra *Fusarium udum* - o agente causal da murchidão do feijão-de-gato. *Karnataka Journal of Agricultural Sciences* 12(1/4):197-199.

Gupta, A. e **Keri, P. N.** (1995). Avaliação *in vitro* de diferentes produtos químicos contra

Trichoderma viride isolado de cogumelo de botão. *Repórter de Pesquisa e Desenvolvimento* 12(1/2):44-47.

Gupta, V. K. e **Sharma, K.** (2004). Integração de produtos químicos e agentes de biocontrolo para gerir a podridão branca das raízes da macieira. *Ata Horticulturae* 635:141-149.

Hallmann, J.; Quadt-Hallmann, A.; Miller, W.G.; Sikora, R.A. e **Lindow, S.E.** (2001). Endophyte Colonization of Plants by Biocontrol Agent Rhizobium etli G12 in Relation to *Meloidogyne incognita* Infection, *Phytopathology* **91(4):** 415-422.

Haran, S., Schickler, H. e **I. Chet.** (1996). Mecanismo molecular de enzimas líticas envolvidas na atividade de biocontrolo de *Trichoderma harzianum. Microbiology.* **142:** 2321-2331.

Haran, S.; Schikler, H. e **Chet, I.** (1996). Molecular mechanisms of lytic enzymes involved in the biocontrol activity of *Trichoderma harzianum Microbiology,* **142:** 2321-2331.

Harman, G.E.; Howell, C.R.; Viterbo, A.; chet, I. e **Lorito, M.** (2004). Espécies de *Trichoderma* - simbiontes oportunistas e avirulentos de plantas. *Nat. Rev. Microbiol.,* **2:** 43-56.

Huq, M.; Ali, M. e **Islam, M. S.** (2007). Approved Fungicides and Weedicides for Bangladesh Tea. Circular no. 119. Bangladesh Tea Research Institute, Srimangal, pp. 1-6.

Jagtap, G. P.; Gavate, D. S. e **Dey, U.** (2012). Controle de *Colletotrichum truncatum* causando antracnose / podridão da soja por extratos aquosos de folhas, agentes de biocontrole e fungicidas. *Revista Científica de Agricultura* 1(2):39-52.

Jagtap, G. P.; Mali, A. K. e **Utpal Dey** (2013). Bioeficácia de fungicidas, agentes de biocontrolo e botânicos contra a mancha foliar da curcuma incitada por *Colletortricum capsici. Jornal Africano de Investigação Microbiológica* 7(18):1865-1873.

Johnson, L. F. e **Crul, E. A.** (1972). Methods of research on ecology of soil borne pathogens. *Minneapolis U.S. Burgess* Publ. 247pp.

Karpagavalli, S. (1997). Efeito de diferentes fungicidas no crescimento de *Trichoderma. Indian Journal of Plant Protection* **25(1):82-83.**

Khan, H. S. I.; Saifulla, M.; Nawaz, A. S. N.; Somashekharappa, P. R. e **Razvi, R.** (2012). Eficácia de fungicidas e agentes de biocontrolo contra *Fusarium oxysporum* f.sp. *ciceri* causando murcha de grão-de-bico. *Ambiente e Ecologia* 30(3):570-572.

Khan, S. (2007). Sensibilidade da micoflora do solo a certos pesticidas. *Avanços em Ciências Vegetais* 20(2):361-363.

Khandelwal, M.; Datta, S.; Mehta, J.; Naruka, R.; Makhijani, K.; Sharma, G.; Kumar, R. e Chandra, S. (2012). Isolamento, caraterização e produção de biomassa de *Trichoderma viride* utilizando vários produtos agrícolas - Um agente de biocontrolo. *Avanço na Pesquisa em Ciências Aplicadas,* **3** (6): 3950-3955.

Khosla, K. e Gupta, A. K. (2008). Integração de fungicidas e *Trichoderma viride* para a gestão do míldio das plântulas de macieira causado por *Sclerotium rolfsii. Indian Phytopathology* 61(1):43- 48.

Kirtsideli, I. Yu. (2001). Soilmicromycetes de algumas comunidades de plantas de tundra da península de Kola. *Novosti Sistematiki Nizshikh Rastenii* **34:** 41-44.

Krishnamurthy, J.; Samiyappan, R.; Vidhyasekaran, P.; Nakkeeran, S.; Rajeswari, E.; Raja, J. A. J. e Balasubramanian, P. (1999). Eficácia das quitinases de *Trichoderma* contra *Rhizoctonia solani,* o agente patogénico do míldio da bainha do arroz. *Journal of Biosciences;* 24(2):207-213.

Kubicek, C. P., Bisset, J., Druzhinina, I., Kullnig-Grader, C. e Szakacs, G. (2002). Genetic and metabolic diversity of *Trichoderma.* a case study on Southeast Asian isolates. *Fungal Genet Biol.* **38:** 310-319.

Kubicek, C.P.; Mach, R.L.; Peterbauer, C.K. e Lorito, M. (2001). *Trichoderma:* dos genes ao biocontrolo. *J. Plant Pathol,* **83:** 11-24.

Kulkarni, S. e Sagar, S.D. (2007). *Trichoderma* - Um potencial biofungicida do milénio. Boletim publicado pelo Departamento de Patologia Vegetal, U.A.S., Dharwad. pp. 1-20.

Kulling, C., Szakacs, G. e Kubicek, C. P. (2000). Identificação molecular de espécies de *Trichoderma* da Rússia, Sibéria e Himalaia, *Mycol. Res.* **104(9):** 1117-1125.

Kumar, H.; Gupta, V. e Singh, R. (2010). Avaliação *in vitro* de fungicidas, extractos de folhas e antagonistas contra *Alternaria solani* e *Septoria lycopersici. Environment and Ecology* 28(3B):2086- 2089.

Kumar, M.; Jain, A. K.; Kumar, P.; Chaudhary, S. e Kumar, S. (2008). Bioeficácia de

Trichoderma spp. contra o manejo do amortecimento do grão-de-bico causado por *Rhizoctonia solani* Kuhn. *Plant Archives;* 8(1):399-400.

Kumar, M.; Sharma, M.; D. K.; Sharma, A. K. e Sharma, P. K. (2009). Compatibilidade do agente de biocontrolo Trichoderma viride com alguns pesticidas. *Journal of Plant Development Sciences* 1(1/2):21- 22.

Kumar, Ravinder, Mishra, Prashant, Singh, Gopal e Prasad, C. S. (2008). Effect of media, temperature and pH on growth and sclerotial production of *Sclerotium rolfsi. J. Pl. Protec. Sci.* 16(2): 485-547.

Kumar, Sudhir e Singh, O. P. (2008). Influência dos meios para o crescimento de espécies de *Trichoderma. Anais da Ciência da Proteção das Plantas,* 16(2): 513-514.

Kumar, V.; Haseeb, A. e Khan, R. U. (2011). Eficácia comparativa de bioinoculentes, emendas orgânicas e pesticidas contra *Rhizoctonia solani* isolada em tomate cv. K-25 em condições de vaso. *Revista Mundial de Ciências Agrícolas;* 7(6):648-652.

Kunming (2004). Crescimento do micélio da estirpe Th-B de *Trichoderma harzianum* em diferentes condições. *Jornal da Universidade Agrícola de Yunnan.* 19(6): 677-680.

Latha, P. (2008). Compatibilidade de *Trichoderma viride* com formulações comerciais de fungicidas. *Jornal de Ecobiologia* 23(1):43-47.

Lisboa, B. B.; Bochese, C. C.; Vargas, L. K.; Silveira, J. R. P.; Radin, B. e Oliveira, A. M. R. de (2007). Eficiência de *Trichoderma harzianum* e *Gliocladium viride* na diminuição da incidência de
Botrytis cinerea em tomate cultivado em ambiente protegido.
Ciencia Rural 37(5):1255-1260.

Madhavi, G. B.; Bhattiprolu, S. L. e Reddy, V. B. (2011). Compatibilidade do agente de biocontrolo *Trichoderma viride* com vários pesticidas. *Journal of Horticultural Sciences* 6(1):71-73.

Madhavi, M.; Kumar, C. P. C.; Reddy, D. R. e Singh, T. V. K. (2008). Compatibilidade de isolados mutantes de *Trichoderma* spp. com agroquímicos. *Journal of Biological Control* 22(1):51-55.

Madhusudhan, P.; Gopal, K.; Haritha, V.; Sangale, U. R. e **Rao, S. V. R. K.** (2010). Compatibilidade de *Trichoderma viride* com fungicidas e eficiência contra *Fusarium solani. Journal of Plant Disease Sciences* 5(l):23-26.

Mahesh, M. e **Saifulla, M.** (2006). Avaliação de bioagentes e fungicidas contra *Fusarium udum* Butler em condições *in vitro. Ambiente e Ecologia,* 24S.

Malathi, P. e **Vishwanathan, R.** (2013). Papel da quitinase microbiana no biocontrole da podridão vermelha da cana-de-açúcar causada por *Colletotrichum falcatum Went.* EJBS **6** (1): 17-23.

Malathi, P.; Viswanathan, R.; Padmanaban, P.; Mohanraj, D. e **Sunder, A. R.** (2002). Compatibilidade de agentes de biocontrolo com fungicidas contra a podridão vermelha da cana de açúcar. *Sugar Tech* 4(3/4):131-136.

Mamatha, T.; Lokesh, S. e **Ravishankar, Ravi, V.** (2000). Impact of seed mycoflora of forest tree seeds on seed quality and their management" [Impacto da micoflora das sementes de árvores florestais na qualidade das sementes e na sua gestão]. *Seed Research,* **28** (1): 59-67.

Manjunath, B.; Nagaraju, N. J. e **Ramappa, H. K.** (2013). Avaliação *in vitro* de fungicidas e bioagentes contra a doença da antracnose do feijão dolichos causada por *Colletotrichum lindemuthianum* (Sacc. &. Magnus) Lams. Seri. *Journal of Mycopathological Research* 51(2):327-330.

Meyer, S.L.F.; Roberts, D.P.; Chitwood, D.J.; Carta, L.K; Lumsden, R.D. e **Mao, W.** (2001). Aplicação de Burkholderia cepacia e Trichoderma virens, isoladamente e em combinações, contra Meloidogyne incognita em pimentão. *Nematropica* **31:** 75-86.

Mishra, P.K.; Singh, R.; Shahi, S.K.; Singh, H.B. e **Dixit, A.** (2000). Biological management of patchouli *(Pogostemon cablin')* wilt causedby *Rhizoctonia solani. Curr. Sci.,* **78** (3): 230-232.

Mishra, R. K. e **Gupta, R. P.** (2012). Avaliação *in vitro* de extractos de plantas, bio-agentes e fungicidas contra a mancha púrpura e a praga de *Stemphylium* da cebola. *Journal of Medicinal Plants Research* 6(48):5840-5843.

Mohanan, C. (1996). Epidemiologia e controlo de *Rhizoctonia* web blight of bamboo". Anais de *Diseases of Insect Pests in tropical Forests*. (Eds.). Nair, K.S.S.; Sharma, J.K. e Varma, V.V. Peechi, Índia: Instituto de Investigação Florestal de Kerala, pp. 169-185.

Narendrappa, T. e Nandini, U. (2013). Avaliação *in vitro* de botânicos, bioagentes e fungicidas contra *Alternaria solani* causando ferrugem precoce no tomate. *Mysore Journal of Agricultural Sciences* 47(1):180-183.

Nazir, B.; Simon, S.; Das, S. e Soma, R. V. (2011). Eficácia comparativa de *Trichoderma viride* e *T. harzianum* na gestão de *Pythium apanidermatum* e *Rhizoctonia solani* que causam podridão radicular e doenças de amortecimento. *Journal of Plant Disease Sciences;* 6(1):60-62.

Olivos, M. I. e Mont, R. (1993). Utilização de fungicidas e *Trichoderma viride* para o controlo de *Sclerotium rolfsii. Fitopatologia* 28(1):16- 21.

Onkarappa, R.; Shobha, K. S. e Patel, S. J. (2006). Eficácia comparativa de fungicidas e agentes de controlo biológico contra podridões fúngicas em baunilha - um estudo *in vitro. Karnataka Journal of Agricultural Sciences* 19(1):170-173.

Pandey, K. K. e Upadhyay, J. P. (1998). Sensibilidade de diferentes fungicidas a *Fusarium udum, Trichoderma harzianum* e *Trichoderma viride* para uma abordagem integrada da gestão de doenças. *Vegetable Science* 25(1):89-92.

Pandey, K. K.; Pandey, P. K. e Mishra, K. K. (2006). Bioeficácia de fungicidas contra diferentes bioagentes fúngicos para nível de tolerância e comportamento fungistático. *Indian Phytopathology* 59(1):68-71.

Pandya, J. R. e Sabalpara, A. N. (2012). Primeira tentativa de recolha e isolamento de estirpes nativas de *Trichoderma* spp. do Sul de Gujarat. *Jornal de Microbiologia Pura e Aplicada,* 6(3): 1423-1426.

Papavizas, G. C. e Lumsden, D. (1982). Meio melhorado para o isolamento de espécies de *Trichoderma* do solo. *Pl. Dis.* **23:** 1019-1020.

Patil, P. P.; Joshi, M. S.; Kadam, J. J. e Mundhe, V. G. (2010). Avaliação *in vitro* de fungicidas e bioagentes contra *Colletotrichum gloeosporioides* que causa o míldio foliar em sapota. *Journal of Plant Disease Sciences* 5(l):76-78.

Patil, T. V.; Diwakar, M. P. e Jadhav, D. K. (2011). Eficácia de fungicidas, bioagentes e extractos de plantas contra o míldio foliar de Gladiolus incitado por *Alternaria dianthicola. Agricultura Verde* 2(5):571-573.

Ragab, M. M. M.; Ashour, A. M. A.; Abdel-Kader, M. M.; El- Mohamady, R. e Abdel-Aziz, A. (2012). Avaliação *in vitro* de algumas alternativas de fungicidas contra *Fusarium oxysporum*, o causador da doença murcha da pimenta *{Capsicum annum* L.). *Revista Internacional de Agricultura e Silvicultura* 2(2):70-77.

Raju, G. P.; Rao, S. V. R. e Gopal, K. (2008). Avaliação *in vitro* de antagonistas e fungicidas contra o agente patogénico da murchidão da gramínea vermelha *Fusarium osysporum f.sp. udam* (Butler) **Snyder e Hansen.** *Legume Research* 31(2):133-135.

Ramesh, K. R. (2000). Inibição de *Rhizoctonia solani*, o agente causal da podridão do colo das plântulas de teca *(Tectona grandis),* por fungicidas e agentes de biocontrolo em condições *in-vitro. Indian Forester* 126(3):284- 288.

Ranganathswamy, M.; Patibanda, A. K.; Chandrashekar, G. S.; Mallesh, S. B.; Sandeep, D. e Kumar, H. B. H. (2011). Compatibilidade de isolados de *Trichoderma* a insecticidas seleccionados *in vitro. Asian Journal of Bio Science* 6(2):238-240.

Rao, C. V. R. e Divakar, B. J. (2002). Effect of three pesticides on the fungal bioagent, *Trichoderma viride. Frontiers in microbial biotechnology and plant pathology* ppl83-186.

Sahebani N, e Hadavi N (2008). Controlo biológico do nemátodo das galhas Meloidogyne javanica por Trichoderma harzianum. Soil Biol. *Biochem.* **40:** 2016-2020.

Samuels, G. J. (1996). *Trichoderma'.* uma revisão da biologia e sistemática do género. *Mycol. Res.* **100:** 923-935.

Sankar, P. e Sharma, R. C. (2001). Gestão da podridão do carvão do milho com *Trichoderma* *viride. Indian Phytopathology* 54(3):390- 391.

Saravanan, L.; Kalidas, P.; Phanikumar, T.; Deepthi, P. e Babu, K.
R. (2014). Compatibilidade *in vitro* de *Trichoderma viride* com agroquímicos. *Anais de Ciências de Proteção de Plantas* 22(1):224-226.

Sas-Piotrowska, B. e Piotrowski, W. (1997). A reação de *Trichoderma* spp. a compostos pesticidas sintéticos e naturais. A. Fungicidas e suas composições. *Roczniki Nauk Rolniczych. Seria E, Ochrona Roslin* 26(1/2):93-101.

Sekhar, Bandopadhyay, Subhendu, Jash e Dutta, Subrata (2003). Effect of different pH and temperature levels on growth and sporulation of *Trichoderma. Environment and Ecology,* **21(4):** 770773.

Singh, H. K.; Shakywar, R. C.; Singh, S. e Singh, A. K. (2012). Avaliação da eficácia comparativa do isolado nativo de *Trichoderma viride* contra a doença da podridão do rizoma do gengibre. *Journal of Plant Disease Sciences* 7(1):22-26.

Singh, H.B. (2006). Realizações no controlo biológico de doenças com organismos antagonistas no National Botanical Research Institute, Lucknow. In: *Current Status of Biocontrol of Plant Diseases using Antagonistic Organisms in India* (eds. Ramanujan, B. e Rabindra, R.J.). Documento técnico, Project Directorate of Biological Control, Banglore, Índia, pp. 329-340.

Singh, H.B.; Sharma, A.; Srivastava, S. e Singh, A. (2009). *Trichoderma:* A Boon for Sustainable Agriculture. In: *Agriculturally Important Microorganisms.* Vol. I (eds.) Khachatourians, G.; Arora, D.K.; Rajendran, T.P. e Srivastava, A.K., Academic World International Pub, Bhopal (Índia).

Singh, O. P. e Kumar, Sudhir (2009). Crescimento de *Trichoderma* spp. influenciado pelas temperaturas *Ann. Pl. Protec. Sci.* **17(1):** 225-274.

Singh, S.; Yadav, J. P. S. e Chauhan, M. S. (2004). Sensibilidade de *Trichoderma viride* a fungicidas. *Journal of Cotton Research and Development* 18(1):109-110.

Sirohi, S. P. S.; Tripathi, U. K.; Singh, S. P. e Yadav, R. (2007). Efeito de *Trichoderma viride* e Ergostim em *Rhizoctonia solani. Agricultura Progressiva* 7(1/2):141-142.

Sirohi, S. P. S.; Tripathi, U. K.; Singh, S. P. e Yadav, R. (2007). Efeito de *Trichoderma viride* e Ergostim em *Rhizoctonia solani. Agricultura Progressiva;* 7(1/2):141-142.

Somani, A. K. e Arora, R. K. (2010). Eficácia no terreno de *Trichoderma viride, Bacillus subtilis* e *Bacillus cereus* em consórcio para o controlo de *Rhizoctonia solani,* causadora da doença da batata. *Indian Phytopathology;* 63(1):23-25.

Thiruchchelvan, N.; Mikunthan, G.; Thirukkumaran, G. e Pakeerathan, K. (2013).Effect ofinsecticides on bio agente *Trichoderma harzianum rifai* sob *in vitrocondition. American-Eurasian Journal of Agricultural & Environmental Sciences* 13(10):1357-1360.

Tiwari, B. K. e Srivastava, K. J. (2003). Compatibilidade fungicida com *Trichoderma viride* e *Trichoderma harzianum.* News Letter - Fundação Nacional de Investigação e Desenvolvimento Hortofrutícola 23(3):4-7.

Upma Dutta Kalha, C. S. (2011). Avaliação *in vitro* de fungicidas, botânicos e bioagentes contra *Rhizoctonia solani* que causa o míldio da bainha do arroz. *Journal of Mycopathological Research* 49(2):333- 336.

Verma, R. e Ratnoo, R.S. (2012). Gestão do bolor verde *{Trichoderma harzianum}* com fungicida e botânico. *J. Pl. Sci.,* **7** (1): 103-110.

Vessey, J.K. (2003). Rizobactérias promotoras do crescimento de plantas como biofertilizantes. *Plant Soil,* **255:** 571-586.

Vincent, J.M. (1947). Distorção de hifas de fungos na presença de certos inibidores. *Nature* **159:** 850-853.

Weindling, R. (1932). *Trichoderma lignorum* como parasita de outros fungos do solo. *Phytopathology,* 22, 837.

Wells, H.D. (1988). *Trichoderma* como agente de biocontrolo. In: *Biocontrol of Plant Diseases.*

Vol I (eds.) Mukerji, K.G. e Garg, K.L., CBS Pub. and distributors, Delhi (Índia).

Whipps, J.M. (2001). Microbial Interactions and Biocontrol in the rhizosphere. *J. Exp. Bot.*52:487-511.

I want morebooks!

Buy your books fast and straightforward online - at one of world's fastest growing online book stores! Environmentally sound due to Print-on-Demand technologies.

Buy your books online at
www.morebooks.shop

Compre os seus livros mais rápido e diretamente na internet, em uma das livrarias on-line com o maior crescimento no mundo! Produção que protege o meio ambiente através das tecnologias de impressão sob demanda.

Compre os seus livros on-line em
www.morebooks.shop